WASSERABFLUSS DURCH STOLLEN

UNTERSUCHUNGEN AUS DEM FLUSSBAULABORATORIUM
DER TECHNISCHEN HOCHSCHULE
ZU KARLSRUHE

VON

Dr.-Ing. ERNST SCHLEIERMACHER

DRUCK UND VERLAG VON R. OLDENBOURG
MÜNCHEN UND BERLIN 1928

Vorwort.

Die nachstehende, als Doktorarbeit vorgelegte Abhandlung „Wasserabfluß durch Stollen" ist während meiner Tätigkeit als Assistent am Flußbaulaboratorium der Technischen Hochschule zu Karlsruhe entstanden. Ich möchte mir daher erlauben, zunächst dem Direktor des Flußbaulaboratoriums, Herrn Geh. Oberbaurat Dr.-Ing. e. h. Rehbock, auch an dieser Stelle meinen besten Dank auszusprechen. Geheimrat Rehbock ermöglichte mir die Ausführung der Arbeit, indem er den Aufbau der Rinnenanlage aus vorhandenem Material, vor allem aber mit den Mitteln des Laboratoriums genehmigte und mir gestattete, in meiner dienstfreien Zeit die notwendigen Versuche anzustellen. Für Zuwendungen von Baumaterial habe ich auch den Herren Professor Dr.-Ing. Probst und Professor Hoepfner zu danken. Die Kosten für die Drucklegung dieser Arbeit wurden zu erheblichem Teil von der Karlsruher Hochschulvereinigung zur Verfügung gestellt, wofür auch hier zu danken ich nicht versäumen möchte. Für wertvolle Ratschläge und Mitteilungen bin ich dem Betriebsleiter am Flußbaulaboratorium, Herrn Regierungsbaurat Dr.-Ing. Böß, und meinem Vater, Geh. Hofrat Dr. Schleiermacher, sowie den Herrn Professoren K. v. Sanden und Spannhake und Herrn Dipl.-Ing. A. J. Keller (Bernische Kraftwerke A.-G.) zu Dank verpflichtet.

Besonderen Dank schulde ich aber den Herren Geheimrat Rehbock als dem Referenten und Professor Spannhake als dem Korreferenten dieser Arbeit für die Übernahme der Referate und die damit verbundene Mühewaltung.

Inhaltsverzeichnis.

Erster Teil.

Die Versuche.

Der Versuchsplan.

Baurat Dr.-Ing. Böß machte mich gelegentlich darauf aufmerksam, daß über die ganze Gruppe hydraulischer Fragen, die sich beim Abfluß von wechselnden Wassermengen durch Stollen ergeben, noch kaum Laboratoriumsversuche veröffentlicht worden sind. Da Stollen für den Hydrauliker ja nur Rohrleitungen mit geringem Gefälle und im allgemeinen nicht kreisrundem Querschnitt sind, so sind reine Druckstollen als Druckrohrleitungen wohl ausreichend untersucht. Dagegen sind die Erscheinungen, die sich beim Übergang des Stollens vom Zustande des Freispiegelstollens in denjenigen des Druckstollens ergeben müssen, am Modell noch nicht erforscht worden. Durch Beobachtungen am wirklichen Stollen ist die Arbeit von Dipl.-Ing. A. J. Keller: »Die Versuche am Grundablaßstollen Mühleberg und deren Verarbeitung« [9][1] entstanden. Und da beim Übergang des Druckstollens in den Freispiegelstollen sich der Wasserspiegel von der Stollendecke löst und eine Belüftung des sich bildenden Zwischenraumes eintreten muß, so ist die Abhandlung von Dr.-Ing. Winkel: »Abhängigkeit der Wasserbewegung in einer Rohrleitung, insbesondere die Abhängigkeit der fließenden Wassermenge von der Höhenlage und der Ausbildung des Einlaufes, d. h. des Mundstückes« [27] für die hier beabsichtigten Untersuchungen von Wichtigkeit.

Es schien mir daher zunächst meine Aufgabe zu sein, die in diesen beiden Arbeiten beschriebenen Abflußvorgänge am Modell zu wiederholen bzw. nachzuprüfen und dann etwa von mir gefundene Neuerscheinungen theoretisch zu untersuchen. Keller verlangt selbst am Schlusse seiner Abhandlung, daß einige Erscheinungen am Stolleneinlauf durch Modellversuche geklärt würden. Gleichzeitig ergab sich die Möglichkeit, durch Versuche an Stollenmodellen von 250 qcm bzw. 295 qcm Querschnitt mit einer Abflußmenge von 15 bis 36 l/s die Übertragbarkeit der von Winkel an Rohren von 9,1 qcm Querschnitt mit einer Abflußmenge von etwa 0,8 l/s bis 1,0 l/s gefundenen Ergebnissen auf die Wirklichkeit zu untersuchen. In dieser Weise ist von Rehbock in Fällen, wo die Anwendung des Ähnlichkeitsgesetzes nicht ohne weiteres erlaubt schien, die Übertragbarkeit der Ergebnisse an Modellen auf die Wirklichkeit bewiesen worden, indem Modelle in den verschiedensten Verkleinerungsmaßstäben untersucht wurden.

Endzweck dieser Versuche über die Möglichkeit des schießenden Abflusses und des Mitreißens von Luft in Stollen war, die hier gefundenen Ergebnisse zur Berechnung der Lage des Wasserspiegels bzw. der Drucklinie im Stollen zu verwerten.

---

[1] Die in eckigen Klammern beigesetzten Zahlen verweisen auf das am Schlusse angefügte Literaturverzeichnis.

2

I. Die Versuchsanlage.

Das Karlsruher Flußbaulaboratorium besitzt einen eigenen Wasserkreislauf: Tiefbehälter — Pumpen — Hochbehälter — Meßwehre — Versuchsrinnen — Tiefbehälter. (Vgl. z. B. Th. Rehbock, Aus dem Flußbaulaboratorium der Techn. Hochschule zu Karlsruhe [19], Th. Rehbock, Das Flußbaulaboratorium der Techn. Hochschule Karlsruhe in: Die Wasserbaulaboratorien Europas [22].) In diesen Kreislauf wurde in geeigneter Weise die Versuchsanlage eingeschaltet. Durch eine Rohrleitung von 200 mm lichtem Durchmesser strömt das Wasser aus dem Hochbehälter in den Einlaufkasten; aus diesem fällt es über das Meßwehr in das Tosbecken und fließt dann, beruhigt durch Siebe, Rechen und Tauchwand, durch ein hölzernes Gerinne (vgl. Abb. 1) der eigentlichen Versuchsrinne zu. Das Meßwehr ist ein scharfkantiges Rechteckwehr mit seitlicher Zusammenziehung des Strahles (Ponceletüberfall); es dient zur Bestimmung der Überfallmenge aus der Überfallhöhe, die an dem Hakenmaßstab im Pegelkasten gemessen wird. Von einer ausführlicheren Beschreibung des Einlaufkastens und des Meßwehres wird hier abgesehen, weil sie nicht im Rahmen dieser Arbeit liegt. Es sei nur erwähnt, daß der Einlaufkasten mit seinem Zubehör schon im alten Laboratorium verwendet worden ist. Aichel hat ihn in seiner Arbeit: Experimentelle Untersuchungen über den Abfluß des Wassers bei vollkommenen schiefen Überfallwehren [1] beschrieben und abgebildet.

Die teilweise auf Lichtbild Abb. 2 sichtbare, dreiteilige Versuchsrinne 1 hatte einen ziemlich unebenen Holzboden; im vorderen und hinteren Teil besaß sie beiderseits Glaswände, im Mittelteil rechts Glaswand, links[1]) Blechwand. Das Sohlengefälle der Rinne betrug etwa 5,8 v.T. Das in der Versuchsreihe III untersuchte Stollenmodell wurde in einfacher Weise durch einen von oben in die Rinne 1 versenkten und seitlich an den Rinnenwänden möglichst dicht angeschlossenen Blechkasten hergestellt.

Es erschien später wünschenswert, die bisherigen, in der Rinne 1 gewonnenen Ergebnisse an einem ähnlichen, aber genauer

---

[1]) Wie üblich sind die Seitenbezeichnungen rechts und links in dieser Arbeit immer bei Blick mit der Strömungsrichtung gegeben.

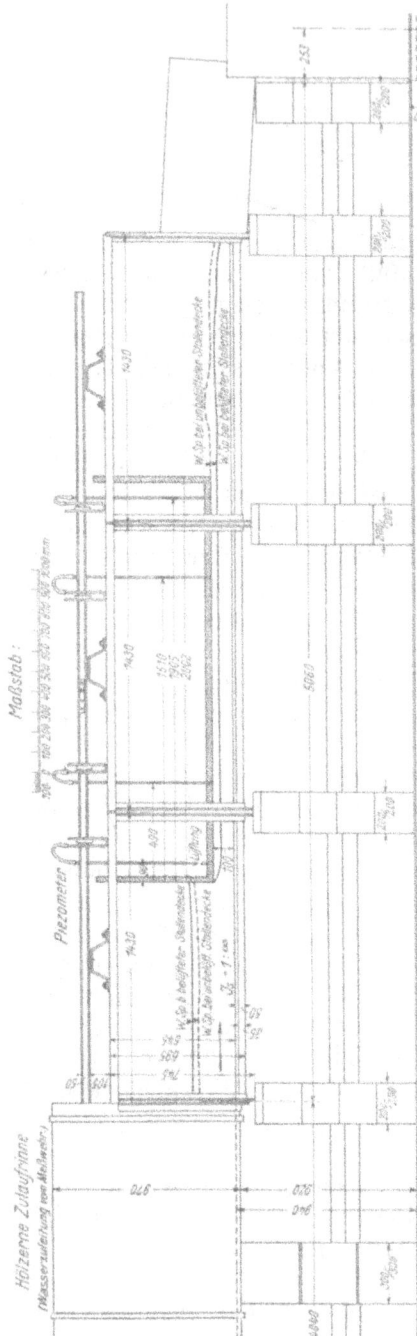

Abb. 1. Ansicht der 25 cm breiten Versuchsrinne 2 mit eingebautem Stollenmodell IV. Wasserspiegellagen bei belüfteter und unbelüfteter Stollendecke für einen Abfluß von 28 l/s.

gearbeiteten und längeren Modell nachzuprüfen und dann erst weitere Versuche auszuführen. Diesem Zweck diente die Rinne 2 (Abb. 1), die ebenso wie die Rinne 1
an die hölzerne Zulaufrinne angeschlossen wurde. Die Ausmaße der Versuchsrinne 2 gehen aus der erwähnten Zeichnung hervor. Diese Rinne besaß einen mit
Mennige gestrichenen Blechboden, der beim Aufbauen der Rinne mit der Wasser-
wage wagrecht gelegt wurde, so daß das Sohlengefälle $J_s = 1 : \infty$ war. Ihre Seiten-
wände bestanden beiderseits aus Spiegelglasscheiben. Das Stollenmodell der Versuchsreihe IV wurde (wieder in Rechteckform) aus drei auf einer polierten Mar-
morplatte gegossenen Eisenbetonplatten zusammengebaut. Das Modell V bestand
aus einem Glasrohr, das in ein geeignet ausgesägtes Stirnbrett eingesetzt war.

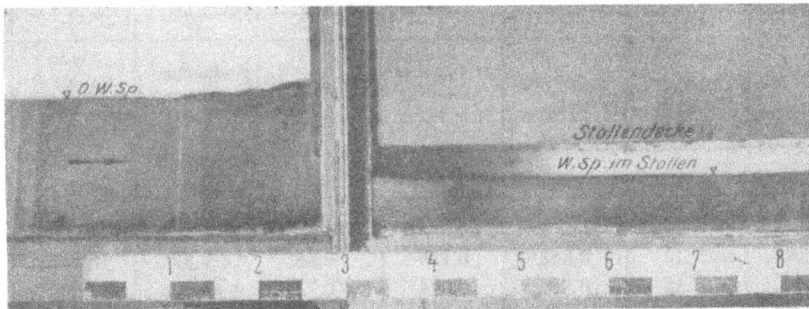

Abb. 2. Stollenmodell III. Stollendecke belüftet, Abfluß von 23,25 l/s bei ungestautem
Unterwasser. Wasser mit Caliumpermanganat gefärbt.

II. Maßstab und Größenverhältnisse.

Einige Vorversuche sollten zunächst dazu dienen, über den zweckmäßigen Mo-
dellmaßstab und das Verhältnis

Stollenlänge : Stollenquerschnitt bzw.
Stollenlänge : hydraulischem Radius

Klarheit zu verschaffen. Hierzu dienten die Modellversuche Reihe I und II, die nur
mit gestautem Unterwasser ausgeführt werden konnten und bei einem Höchstabfluß
von 36,9 l/s (in Reihe I) und 16,4 l/s (in Reihe II) keine bemerkenswerten Erscheinungen lieferten. Diese beiden Versuchsreihen sind in einer 50 cm breiten Rinne
ausgeführt worden. Da zunächst nur der Einfluß der Einschnürung des Wasserstromes
im lotrechten Längenschnitt, d. h. der Verringerung seiner Tiefe, nicht aber auch
seiner Breite beobachtet werden sollte, war hier eine Verkleinerung des Stollenquerschnittes nicht möglich, ohne das Verhältnis Breite : Höhe zu groß werden zu lassen.
Die weiteren Versuche wurden daher in den im vorangehenden Abschnitt beschriebenen
25 cm breiten Rinnen ausgeführt. In der Tabelle I sind die untersuchten Stollenmodelle
zusammengestellt und die entsprechenden Werte einiger bestehender Stollen angegeben.
Stollen mit ziemlich gleichen Längen l, aber sehr verschiedenen hydraulischen Radien R
oder mit gleichem R und verschiedenen l lassen sich hydraulisch nicht leicht miteinander vergleichen. Dazu kommt, daß die untersuchten Stollenmodelle außer
Modell V aus versuchstechnischen Gründen (einfache Herstellung und beste Beobach-
tungsmöglichkeit in das Stolleninnere) einen Rechteckquerschnitt besaßen, der für
die praktische Ausführung unzweckmäßig wäre. Um den Vergleich der Modellversuche
mit den bestehenden Stollen übersichtlicher zu machen, wurden daher außer den einzelnen Werten l, F und R die Verhältniswerte $\dfrac{l}{R}$ in die Tabelle aufgenommen. Da-

4

mit enthält diese gleichzeitig den für die Berechnung des Druckhöhenverlustes in Rohrleitungen

$$h = \frac{u^2}{2g} \cdot \frac{2g}{c^2} \cdot \frac{p}{F} \cdot l = \frac{u^2}{2g} \cdot \zeta \cdot \frac{l}{R}$$

wichtigen Wert $\frac{l}{R}$.

Es zeigt sich, daß der Modellversuch IV bei dem angenommenen ungefähren Maßstab 1:20 in den Größenordnungen mit dem wichtigsten Vergleichsstollen Mühleberg genügend übereinstimmende Verhältnisse besitzt.

Tabelle I.

Vergleich der Verhältnisse $\frac{l}{R}$ für die im Modell untersuchten und für einige bestehende Stollen.

1	2	3	4	5	6	7	8
Nummer oder Namen / Form des Querschnitts	Modell-maßstab	Stollenlänge l	Stollenquer-schnitt F	Stollenlänge l	Stollenquer-schnitt F	Hydr. Radius R des vollen Querschnitts	Verhältnis $\frac{l}{R}$
		im Modell		in Wirklichkeit			
		m	m²	m	m²	m	
a) Modellversuche							
I (Rechteck).	1:10	0,848	0,125	8,48	12,50	0,833	10,18
II (Rechteck).	1:15	0,848	0,074	12,72	16,65	0,856	14,86
III (Rechteck).	1:20	1,050	0,026	21,00	10,40	0,720	29,20
IV (Rechteck).	1:20	2,002	0,025	40,04	10,00	0,714	56,20
V (Kreis) . .	1:10	0,57	0,0295	5,70	2,95	0,485	11,75
b) Versuche von Dr.-Ing. Winkel							
(Kreis)	1:60	2,300	0,0009	138,00	3,27	0,510	271,00
c) Bestehende Stollen							
Mühleberg (Hufeisen) . .	—	—	—	139,818	27,242	1,368	102,15
Engelberg (Hufeisen) . .	—	—	—	2558,60	4,155	0,571	4480,90

III. Genauigkeit der Messungen und Berechnungen.

Die vorliegende Arbeit ist auf den Ergebnissen von Laboratoriumsversuchen aufgebaut. Ihr Wert hängt also wesentlich von der Genauigkeit ab, mit der die Beobachtungen bei den Versuchen ausgeführt worden sind. Nach dem in vorwiegend auf messenden Beobachtungen aufbauenden Wissenschaften, wie Geodäsie, Physik, üblichen Verfahren sei daher im folgenden kurz auf die bei den Versuchen erreichte Genauigkeit eingegangen.

Außerdem wird später gezeigt werden, daß die Ergebnisse einiger hier angestellter Untersuchungen beträchtlich abweichen von denjenigen, die von anderer Seite bei Behandlung derselben Fragen gefunden worden sind. Um nun jene rechtfertigen zu können, mußte nachzuweisen sein, daß ihre Beobachtungsgrundlagen nach Möglichkeit frei von Fehlern sind.

Die Arbeitsweisen, mit denen die Beobachtungen gemacht wurden, sind diejenigen der Geodäsie: z. B. Aufnahmen von Längennivellements der Rinnensohle und des Wasserspiegels mittels Stechpegeln (Spitzenmaßstäben), Einnivellieren des Hakenmaßstabes im Pegelkasten auf die Höhe der Wehrschneide, Messen der Überfallhöhe am Meßwehr, Aufzeichnen und Ausplanimetrieren der Geschwindigkeitsprofile usw.

Es können also die Verfahren angewandt werden, mit denen die Geodäsie die Fehler der drei möglichen Arten (grobe Fehler, systematische oder regelmäßige Fehler, rein zufällige, unvermeidliche Fehler) feststellt und ausgleicht.

1. Grobe Fehler.

Ob grobe Fehler vermieden sind, kann wohl am einfachsten dadurch nachgewiesen werden, daß ein und derselbe Wert auf verschiedenen Wegen ermittelt wird.

Dies ist z. B. in der vorliegenden Arbeit ausgeführt worden bei der Bestimmung der Oberwassertiefen für verschiedene Abflußmengen im belüfteten Stollen. Diese Oberwassertiefen sind einmal mit dem Spitzenmaßstab gemessen worden; die beobachteten Werte sind auf Abb. 11 zu Kurven zusammengestellt. Dann sind für den Abfluß von 15, 20, 25, 30 und 35 l/s die Oberwassertiefen im belüfteten Stollen berechnet worden aus den beim unbelüfteten Stollen beobachteten Oberwassertiefen und Unterdrücken über der Strahleinschnürung am Stolleneinlauf. Die berechneten Punkte liegen befriedigend auf der Kurve der beobachteten Werte.

In ähnlicher Weise sind die Wassermengen in einigen Fällen einmal aus der Überfallhöhe am Meßwehr und dann aus Geschwindigkeitsaufnahmen mit dem Pitotrohr festgestellt worden. Die betreffenden Werte lauten (vgl. auch Abb. 3—6)

Am Meßwehr beobachtete, als richtig vorausgesetzte Überfallmenge l/s	Aus den Isotachen berechnete Wassermenge l/s	Abweichungen in Hundertsteln der Überfallmenge v. H.
20,48	21,252	+ 3,77
23,25	23,908	+ 2,83
23,25	23,760	+ 2,19
28,00	29,240	+ 4,58

Außerdem gibt schon die Zusammenstellung der beobachteten Meßpunkte zu Kurven (Abb. 11 und 19) einen Überblick, daß keine groben Fehler unterlaufen sind.

Immerhin ist eine Abweichung wie die oben angegebene von 4,58 v.H. für Laboratoriumsversuche als groß zu bezeichnen. Es wurde deshalb in einer eingehenden Untersuchung, die hier nur gekürzt wiedergegeben werden soll, nachgeprüft, wie weit für dieses Ergebnis systematische und wie weit zufällige, unvermeidliche Fehler verantwortlich zu machen seien.

2. Systematische Fehler.

a) Adhäsion an die Meßspitzen.

Um im fließenden Wasser Stauwirkungen zu vermeiden, wurde die Höhenlage des Wasserspiegels mit Stechpegeln (Spitzenmaßstäben) festgestellt, deren Meßspitzen von oben gegen den Wasserspiegel abgesenkt wurden. Der Einfluß der dabei unvermeidlichen Adhäsion des Wasserspiegels an die Meßspitze ist jedoch belanglos. Denn bei einer geschätzten Höhe des Adhäsionskegels von 0,3 mm würde z. B. bei gemessenen Unterwassertiefen von 70 bis 85 mm der Fehler nur etwa 0,4 bis 0,35 v.H. ausmachen.

b) Temperatureinflüsse.

Durch mehrwöchige Beobachtungen wurde festgestellt, daß selbst bei Schwankungen zwischen dem Nachtminimum und dem Tagesmaximum der Außentemperatur um 17° C die Luftwärme im Laboratorium nur um 1° C, die Wasserwärme in den Versuchsrinnen sogar mit gewöhnlichen Thermometern kaum feststellbar sich änderten.

Da aber alle Längen nur auf 0,1 mm genau gemessen sind, so würden an den aus Messing hergestellten Geräten (Meßwehr, Spitzenmaßstäben) mit einem Ausdehnungskoeffizienten von 0,000019 für 1° C und mit Nutzlängen von 0,5 bis 0,75 m erst Temperaturschwankungen von 10° bzw. 7° C sich bemerkbar machen.

c) Meßwehr, Pitotrohr.

Wenn für hydrometrische Geräte vor ihrer Anwendung Beiwerte ermittelt und mit deren Hilfe Eichkurven aufgestellt werden, so ist das im Sinne der Vermessungskunde nur die Bestimmung des ihnen anhaftenden systematischen Fehlers. Dazu gehört der Beiwert μ in der von Poleni aufgestellten, nach Dubuat genannten Formel

$$Q = \mu \cdot 2/3 \, b \, h_0 \sqrt{2 g \, h_0}$$

zur Bestimmung der über ein Wehr abfließenden Wassermenge, solange dieser Wert μ eine Reihe hydrodynamisch noch nicht errechenbarer Faktoren herrührend von Wehrform, Kronenform, Strahlform, Nachsaugung, Strahldruck usw. ersetzt.

Für den hier benutzten Poncelet-Überfall (vgl. S. 2) ist von Rehbock der Beiwert μ für h_0 in m bestimmt worden zu:

$$\mu = \left(0{,}5877 + \frac{2{,}0595}{1000 \, h_0 + 9{,}6} \right).$$

Es wurde daher von einer erneuten Eichung des Meßwehres abgesehen. Die für die gewünschte Abflußmenge einzustellende Überfallhöhe h_0 wurde jeweils an einer Kurve abgegriffen, die mit Hilfe der vorstehenden Formel für μ berechnet und in einem solchen Maßstab aufgetragen war (die Abflußmengen als Abszissen, die Überfallhöhen als Ordinaten), daß h_0 ausreichend genau auf $^1/_{20}$ mm bestimmt werden konnte.

Zur Bestimmung der Wassergeschwindigkeiten bei den Versuchen wurde ein Darcysches Differential-Pitotrohr verwandt, dessen Spitze den später zum »Universalstaurohr des Karlsruher Flußbaulaboratoriums« [21] ausgebauten Modellen entsprach. Die Eichung wurde in der Schlepprinne des Laboratoriums für einen Strömungswinkel von 0° mit dem Meßwagen durchgeführt. Dabei ergab sich ein Beiwert

$$\mu = 1{,}00$$

für dieses Rohr. μ^2 entspricht dem von Winkel in seinem Aufsatz: Stauröhren zur Messung des Druckes der Geschwindigkeit im fließenden Wasser [29] angegebenen Wert c. Für ein ähnliches Darcysches Rohr hat die von ihm durchgeführte Eichung bei dem gleichen Strömungswinkel von 0° den Wert

$$\mu = \sqrt{c} = 0{,}970$$

ergeben. Durch die Form des Pitotrohres, die Kapillarwirkung in den Ableserohren oder andere Ursachen kommt also im Gegensatz zu dem von Winkel untersuchten Darcyrohr auch bei Strömung parallel »zur Flächennormalen der vorderen Staurohröffnung« kein systematischer Fehler in die Beobachtungsergebnisse.

Der oben angegebene Unterschied zwischen den am Meßwehr beobachteten und den aus den Isotachen ermittelten Wassermengen läßt sich aber vielleicht teilweise wie folgt erklären. Es besteht das mathematische Gesetz, daß die Quadratwurzel aus dem arithmetischen Mittel der Quadrate einer Reihe von Zahlen größer ist als das arithmetische Mittel dieser Zahlen, und D. Thoma weist in seinem Aufsatze: Über den Genauigkeitsgrad des Gibsonschen Wassermeßverfahrens [26] darauf hin, daß dieses Gesetz beim Pitotrohr wirksam sei, weil die abgelesenen Geschwindigkeitshöhen dem Quadrat der Geschwindigkeiten proportional sind und diese Geschwindigkeitshöhen bei den im pulsierenden Wasser rasch wechselnden Geschwindigkeiten Mittelwerte darstellen. Da nun z. B.

$$\sqrt{\frac{1^2 + 2^2 + 3^2}{3}} > \frac{1+2+3}{3} = 2,$$

aber

$$\sqrt{\frac{2^2 + 2^2 + 2^2}{3}} = \frac{2+2+2}{3} = 2$$

sind, so muß der angedeutete Fehler von der Größe der Pulsationen abhängig sein. Diese wurde bei den vorliegenden Versuchen nicht ermittelt; soviel bekannt, ist die Größe der Pulsationen für kleine Wassermengen bis etwa 50 l/s in Laboratoriumsgerinnen noch nicht gemessen, seit Rümelin seine Pulsationsgesetze [23] aufgestellt hat. Um trotzdem eine Vorstellung von der möglichen Größe des durch das oben angeführte Gesetz verursachten Fehlers zu bekommen, wurde die nachstehende Berechnung durchgeführt. Es seien die wirklichen Geschwindigkeiten in einem Profilpunkt u_1, u_2, u_3 und u_4 und ihr arithmetisches Mittel u_m. Der Unterschied Δp zwischen den Pulsationen ist dann

$$u_m - u_1 \text{ bzw. } u_m - u_2 \text{ bzw. } u_m - u_3 \text{ bzw. } u_m - u_4.$$

Tabelle II.

Unterschiede zwischen den Werten u_m und u_m' bei verschiedenen Größenunterschieden Δp der Pulsationen.

$u_m = \dfrac{u_1 + 2u_2 + u_3}{4}$ m/s	Δp m/s	$u_m' = \sqrt{\dfrac{u_1^2 + 2u_2^2 + u_3^2}{4}}$ m/s	Differenz $u_m' - u_m$ in Hundertsteln von u_m v. H.
0,65	0,05	0,6510	+ 0,15
	0,10	0,6538	+ 0,58
	0,12	0,6555	+ 0,85
	0,15	0,6586	+ 1,32
1,20	0,10	1,2021	+ 0,18
1,75	0,05	1,7503	+ 0,02
	0,10	1,7514	+ 0,08
	0,15	1,7531	+ 0,18

Nach dem Rümelinschen Pulsationsgesetz ist die Pulsationszeit

$$p \cong \frac{t}{u}$$

für die hier ausgeführten Versuche etwa $1/20$ bis $1/4$ Sek. Das nacheinander erfolgende Ablesen der Menisken in den beiden Druckrohren des Pitotrohres beansprucht viel längere Zeit. Es werden am Pitotrohr also nicht

$$k_1 = \frac{u_1^2}{2g}, \quad k_2 = \frac{u_2^2}{2g}, \quad k_3 = \frac{u_3^2}{2g} \text{ oder } k_4 = \frac{u_4^2}{2g}$$

abgelesen, sondern — bei einem Verlauf der Pulsationen etwa nach der Sinuslinie — das arithmetische Mittel

$$k_m = \frac{k_1 + k_2 + k_3 + k_2}{4} = \frac{u_1^2 + 2u_2^2 + u_3^2}{4} \cdot \frac{1}{2g}.$$

Daraus wird die Geschwindigkeit

$$u_m' = \sqrt{2\,g\,k_m} = \sqrt{\frac{u_1{}^2 + 2\,u_2{}^2 + u_3{}^2}{4}}$$

berechnet. In der Tabelle II sind nun für verschiedene Werte

$$u_m = \frac{u_1 + 2\,u_2 + u_3}{4}$$

und für verschiedene Werte Δp der Unterschied zwischen u_m und u_m' in Hundertteilen von u_m angegeben. Den Wert Δp hat Rümelin für mittlere Geschwindigkeiten u_m zwischen 0,61 m/s und 0,71 m/s zu 0,02 m/s bis 0,06 m/s und für u_m zwischen 0,08 m/s und 0,29 m/s den Wert Δp zu 0,03 m/s bis 0,08 m/s beobachtet.

Es muß also damit gerechnet werden, daß die für die vorliegenden Untersuchungen ausgeführten Pitotrohrmessungen um etwa 0,10 bis 0,50 v.H. zu große Werte geliefert haben, was in dem oben angedeuteten Endergebnis zum Ausdruck kommt.

Eine weitere Ursache dafür, daß mit dem Pitotrohr nicht genau die wirklichen Geschwindigkeiten zu messen sind, muß in seiner Stauwirkung (Brückenstau) gesehen werden. Je nachdem, ob in strömendem oder schießendem Wasser gemessen wird, bedingt die durch den Stau der wagrecht liegenden Spitze erzeugte Senkung oder Hebung des Wasserspiegels über der hydrostatischen Drucköffnung des Pitotrohres eine Änderung der Höhenlage des Meniskus im Ableserohr. Dieser stellt sich tiefer oder höher ein, als es dem Zustand ohne Stauwirkung entsprechen würde. Auch auf die hydrodynamische Drucköffnung läßt sich theoretisch ein Einfluß des Staues feststellen. Bei den Geschwindigkeitsmessungen zu den vorliegenden Untersuchungen darf diese Fehlerquelle wohl vernachlässigt werden, weil der Querschnitt des wagrechten Teiles des Pitotrohres nur z. B. 0,13 v.H. des Stollenquerschnittes betrug, also die Verbauung sehr gering war.

Noch weniger brauchte das Gefälle des Wasserspiegels bzw. der Drucklinie auf der Strecke Rohrspitze — hydrostatische Drucköffnungen berücksichtigt werden, das ja an sich schon eine Verschiebung der Menisken in den beiden Ableserohren bedingt: es wurden nur in Querschnitten Geschwindigkeitsmessungen ausgeführt, wo Wasserspiegel oder Drucklinie praktisch parallel zur Achse durch die Spitze des Pitotrohres liefen.

d) Rechenschieber, Planimeter, Papierschwund.

Da die Beobachtungen nur auf Hundertstel genau gemacht werden konnten, so genügte es, die zu ihrer Auswertung notwendigen Berechnungen mit einem 25 cm langen Rechenschieber auszuführen. Kohlrausch [11] gibt an, daß ein solcher »auf etwa 1 v.T. genau arbeiten kann«. Eine Ausnahme bilden die rein theoretischen Berechnungen von Wasserspiegellagen in Kapitel VI, weil bei den hier vorkommenden Wurzeln und Potenzen höherer Grade die Ungenauigkeiten des Rechenschiebers rasch angestiegen wären und es gerade hier auf große Schärfe der Berechnung ankam.

Zur Ermittelung des Inhaltes der Geschwindigkeitsprofile bzw. der Isotachenflächen wurde eine Lineal-Planimeter der Firma A. Ott, Kempten, benutzt. Die betreffenden Zeichnungen waren auf Millimeterpapier aufgetragen, dessen Netz eine kleine Verzerrung aufwies. 1 qdm des Aufdruckes betrug in Wirklichkeit nur 0,9995 qdm. Der Planimeter war so eingestellt, daß der Mittelwert aus 5 Umfahrungen eines qdm im gedruckten Netze die Ablesung 1,0007 an der Planimetertrommel ergab. Demnach berechnete sich die Konstante des Planimeters

$$k = \frac{0,9995}{1,0007} = 0,9988.$$

Damit erscheinen alle Möglichkeiten für das Auftreten systematischer Fehler untersucht. Sie bleiben auch da, wo sie möglicherweise die Größe von 0,5 v.H. der betreffenden Werte erreichen und nicht durch Einführung eines Koeffizienten ausgeschaltet wurden (Ablesung der Geschwindigkeitshöhen am Pitotrohr), ohne wesentlichen Einfluß auf die Ergebnisse dieser Arbeit. Jedoch verlangte ihre Eigentümlichkeit, die Beobachtungsergebnisse einseitig zu beeinflussen, diese ausführliche Betrachtung.

3. Unvermeidliche Fehler.

Anders die rein zufälligen oder unvermeidlichen Fehler. Es genügte hier das arithmetische Mittel aus mehreren Messungen einer Größe als den wahrscheinlichsten Wert dieser Größe zu bilden, da die einzelnen Messungen denselben Grad von Zuverlässigkeit besaßen (Kohlrausch [11]). Eine genauere Kontrolle der Beobachtungsfehler bei der Messung von Wassertiefen ergab den größten Beobachtungsfehler zu 1,57 v.H., den mittleren Beobachtungsfehler nur zu 0,747 v.H. des arithmetischen Mittels aus 10 Einzelbeobachtungen. Die Kleinheit dieser Werte ließ es erlaubt scheinen, bei den Versuchsreihen IV und V nur die wichtigsten Wassertiefen wiederholt zu messen und zu mitteln, zumal durch die Zusammenstellung der Meßergebnisse in Kurven eine weitere Fehlerausgleichung vorgenommen wurde.

Der umgekehrte Vorgang war bei der Bestimmung der Wassermenge auszuführen. Während Wassertiefen, Geschwindigkeitshöhen, Druckhöhen aus auf- und abschwankenden Beobachtungen zu mitteln waren, war hier das Maß der Überfallhöhe aus der Eichkurve gegeben (vgl. S. 6). Um diese am Pegel eingestellte Überfallhöhe schwankte der Wasserspiegel während der Versuche bei größeren Wassermengen (etwa 30 l/s) um 0,4 bis 0,5 mm. Die Messungen am Modell wurden nun immer vorgenommen, wenn der auf- und abschwingende Wasserspiegel im Pegelkasten gerade beim Ansteigen durch die Meßspitze des Pegels hindurchging. Es ist so wohl erreicht worden, daß immer bei der gleichen Überfallhöhe am Meßwehr, d. h. bei der gleichen Wassermenge beobachtet wurde. Es war dabei belanglos, daß infolge der Zeit, die das Wasser für die Strecke Meßwehr—Modell brauchte, diese Wassermenge vielleicht nicht genau der eingestellten Überfallhöhe entsprach; außerdem ergab eine Berechnung der Wassermengen bei Überfallhöhen von 100 mm und von 99,5 mm (entsprechend der oben mitgeteilten Schwingung) nur einen Unterschied von 0,73 v.H.

Es ist oben angegeben worden, daß der Einfluß einiger systematischer Fehler wie der Vergrößerung der Wassertiefe durch Adhäsion an die Meßspitze, der Vergrößerung der Geschwindigkeitshöhe durch die Pulsationen usw. nur geschätzt, aber nicht ausgeglichen werden konnte. Die auf S. 5 mitgeteilten Abweichungen zwischen den am Meßwehr beobachteten und den aus den Isotachen berechneten Wassermengen sind zum Teil darauf zurückzuführen. Zum Teil können sie auch durch Fehler des graphischen Verfahrens zur Bestimmung der Wassermengen aus den gemessenen Geschwindigkeiten verursacht sein. Dazu waren Isotachen verwandt worden, deren Einzeichnung auf Grund der in den Querschnitten eingetragenen gemessenen Geschwindigkeiten in gewissen Grenzen dem freien Ermessen überlassen ist. Diese Fehlergröße könnte aber nur durch weitere zahlreiche Isotachenauswertungen bestimmt werden, was nicht im Rahmen dieser Arbeit liegt. Es muß also ungeklärt bleiben, warum auch diese Abweichungen alle nach der positiven Seite liegen.

Zweiter Teil.

Die Versuchsergebnisse und ihre Auswertung.

IV. Die Ermittelung des Geschwindigkeitshöhen-Ausgleichwertes α_u.

Für die theoretische Untersuchung des ganzen Abflußvorganges ist es wichtig, die jeweilige Lage der Bernoullischen Energielinie möglichst genau berechnen zu können. Dafür ist aber wieder die Kenntnis des Geschwindigkeitshöhen-Ausgleichwertes

$$\sigma_u = \frac{1}{F \cdot u^3} \int\limits_0^F w^3 \cdot dF \quad \text{(Bazin)}$$

für den ganzen Querschnitt oder

$$\sigma = \frac{1}{h} \int\limits_0^h \left(\frac{w}{u}\right)^3 \cdot dy \quad \text{(Koch)}$$

für einen Vertikalschnitt erforderlich [20, 10].

Die Versuche an dem Stollenmodell III dienten vor allem der Lösung dieser Frage. Es handelte sich dabei einmal darum, festzustellen, welche Größe der Wert α_u bei Stollen erreichen könnte. Rehbock gibt als praktisch vorkommende Grenzen für ganze Querschnitte an, daß α_u zwischen 1,05 und 1,5 liege, während Koch zeigt, daß bei parabolischem Verlauf der Geschwindigkeitslinie theoretisch der Geschwindigkeitshöhen-Ausgleichwert für einen Vertikalschnitt zwischen den Größen 1,00 und 3,86 schwanken kann je nach dem Verhältnis $v_u : v_0$. Es sollte ferner versucht werden, einen Einblick zu gewinnen in die Veränderung des Wertes α_u an aufeinanderfolgenden Stellen der Versuchsstrecke. Ein Wert α_u, der an allen Querschnitten des Stollens gleich groß gefunden würde, würde die Geschwindigkeitshöhe um ein konstantes Maß vergrößern und könnte unter gewissen Bedingungen vernachlässigt werden, was für einen stark in seiner Größe schwankenden Geschwindigkeitshöhen-Ausgleichwert nicht zulässig scheint. Und schließlich sollten die am Modell gefundenen Werte α_u mit denen verglichen werden, die A. J. Keller in der Natur bestimmt und seinen Untersuchungen zugrunde gelegt hat, um entscheiden zu können, ob Unterschiede, die vielleicht zwischen der Kellerschen und der vorliegenden Arbeit gefunden würden, auf die benutzten Geschwindigkeitshöhen-Ausgleichwerte zurückzuführen wären.

Die Kellerschen und die aus den Geschwindigkeitsmessungen am Modell gefundenen Werte sind in Tabelle III zusammengestellt. Keller hat in seiner Abhandlung über den Mühleberg-Stollen [9] den Geschwindigkeitshöhen-Ausgleichwert χ genannt und nach der früher üblichen Gleichung

$$\chi = \frac{1}{F \cdot u^2} \int\limits_0^F w^2 \cdot dF,$$

also unter Einsatz der Quadrate von u und w berechnet. Der richtige a_u-Wert wird nun aus χ gefunden zu:

$$a_u = 1 + 3(\chi - 1).$$

Skizze 1 : 15 des Stollenmodells III.

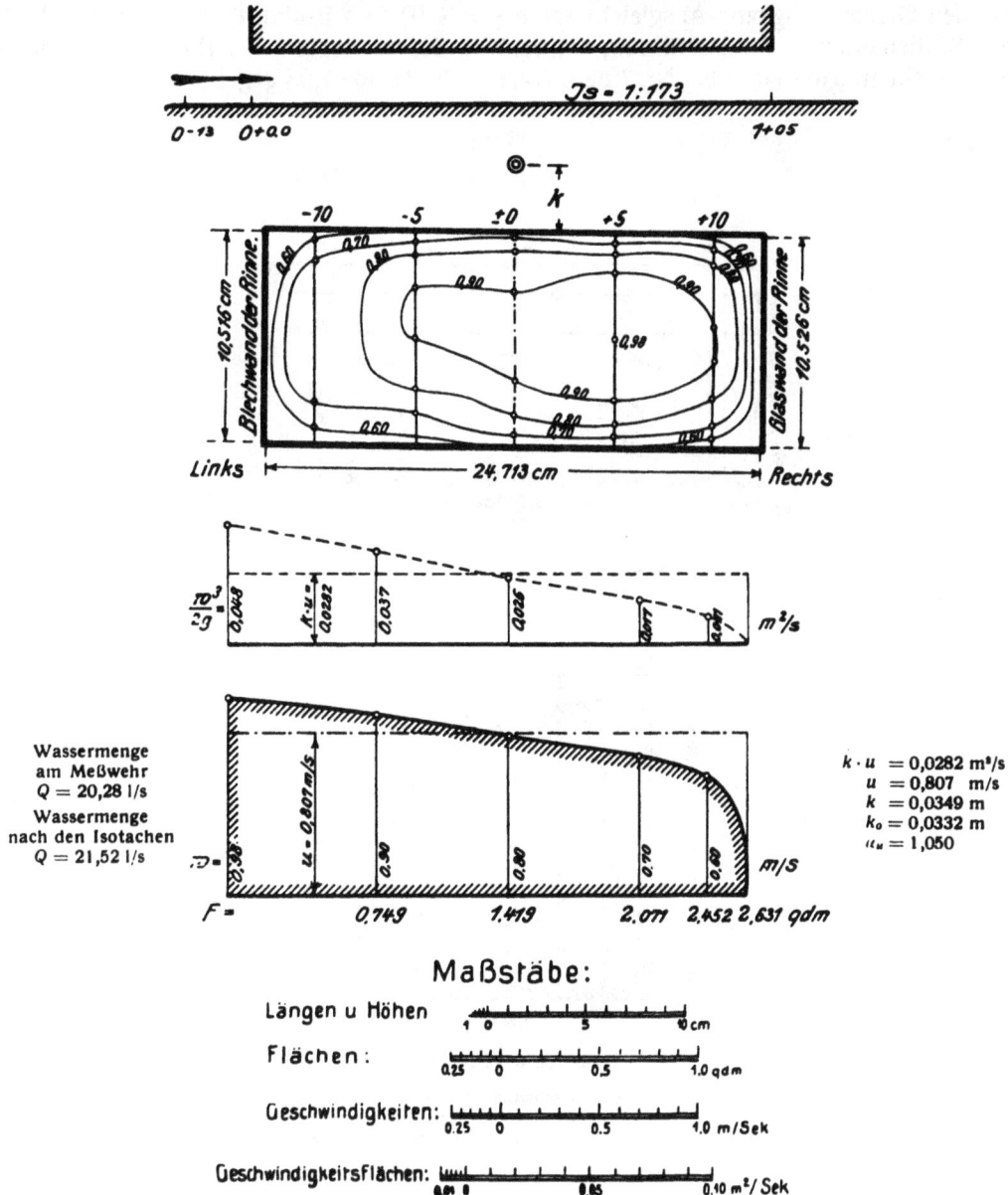

Abb. 3. Ermittelung des Geschwindigkeitshöhen-Ausgleichwertes a_u am Modell III im Profil I +⁹⁵. (Stollen scheitelvoll. Wasser strömt.)

Die umgerechneten Werte sind in die Tabelle III aufgenommen. Die aus eigenen Versuchen gefundenen Werte a_u wurden graphisch mit Hilfe der $\frac{w^3}{2g}$-Fläche ermittelt [20] (Abb. 3 bis 6). In Tabelle III sind bei den Modellversuchen die Werte Q, u, w_{max}, F und R nach dem angenommenen Maßstab auf die Wirklichkeit umgerechnet im Gegensatz zu den Abb. 3 bis 6, auf denen die zugrunde liegenden Beobachtungen unter Angabe der gemessenen Werte zusammengestellt sind. Dagegen sind die Angaben für a_u die am Modell gefundenen Werte. Auf Grund der von ihm gefundenen Werte hat Keller sich entschlossen, die Berechnung der Energielinie bei seinen Versuchen am Mühleberg-Stollen mit den Geschwindigkeits-Ausgleichwerten $\chi = 1,10$ (am Einlaufturm) und $\chi = 1,075$ (am Stollenauslauf) durchzuführen, während in der vorliegenden Arbeit entsprechend den Tabellenwerten Nr. 4 bis Nr. 7 dem Wert a_u die Größe 1,03 gegeben wurde (Abb. 29

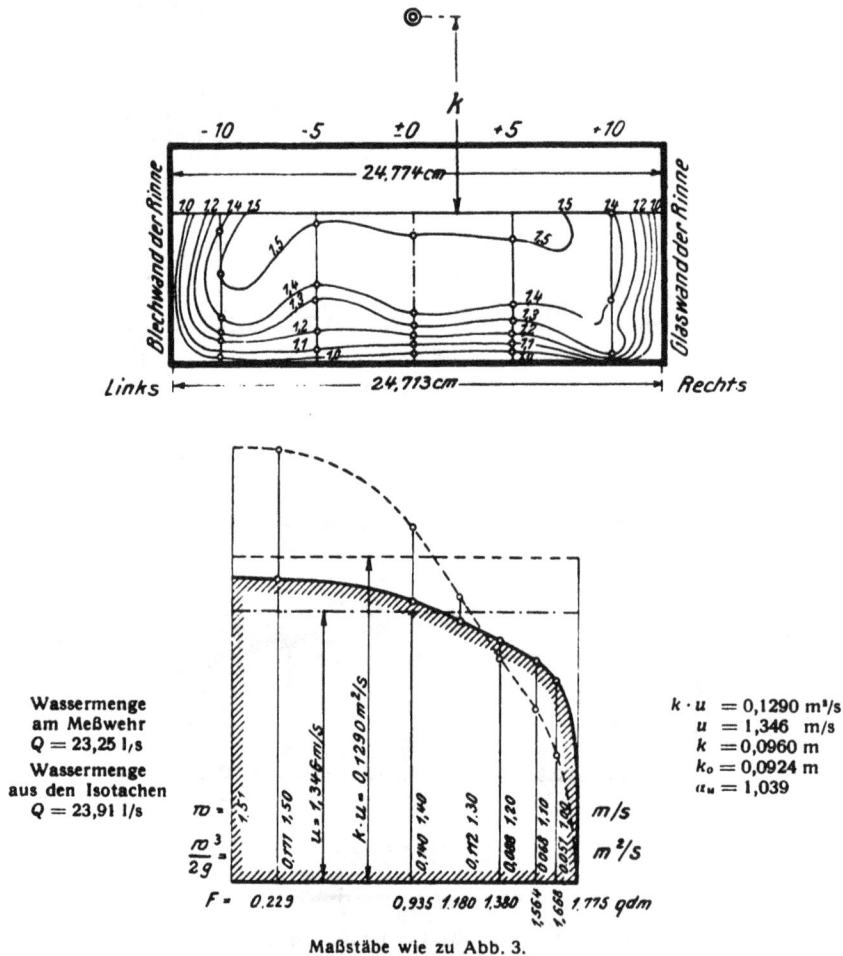

Abb. 4. Ermittelung des Geschwindigkeitshöhen-Ausgleichwertes a_u
am Modell III im Profil 1 + 06.
(Stollenscheitel überstaut. Stollendecke belüftet. Wasser schießt.)

und 30). In der Kellerschen Arbeit ist also die Abweichung der richtigen Werte $a_u = 1,30$ bzw. 1,225 von den benutzten Werten χ größer als die Abweichung dieser χ-Werte von den Geschwindigkeitshöhen-Ausgleichswerten der hier besprochenen Modellversuche. Es war daher zu erwarten, daß durch die Anwendung verschiedener Ausgleichwerte sich keine Widersprüche in den grundsätzlichen Ergebnissen der beiden Arbeiten herausstellen würden. Tatsächlich ergab sich auch an keiner Stelle der vorliegenden Abhandlung ein Anlaß, Versuchsergebnisse aus dem Verhalten des Geschwindigkeitshöhen-Ausgleichwertes erklären zu müssen.

Tabelle III.

Nr.	α_u	Q m³/s	u m/s	w_{max} m/s	F m²	R m	Bemerkungen
1	1,225	283,0	1,956	2,65	144,7	1,731	Aare/Thalmatten (Mühleberg) Wasser strömt
2	1,147	124,8	1,13	1,57	110,0	2,94	Oberwasserkanal Bannwil Wasser strömt
3	1,114	56,8	2,73	3,21	20,7	1,10	Stauklappe Mühleberg Wasser strömt (t > 3,0 m)
4	1,050	36,6[1]	3,61[2]	4,38	10,5	0,745	Modell III (Stollenauslauf) Wasser strömt (Abb. 3)
5	1,039	41,5[1]	6,01[2]	6,75	7,1	0,907	Modell III (Stollenauslauf) Wasser schießt (Abb. 4)
6	1,027	41,5[1]	2,66[2]	3,09	16,0	1,40	Modell III (Oberwasser) Wasser strömt (Abb. 5)
7	1,006	50,1[1]	5,23[2]	5,95	10,0	0,714	Modell IV (Druckstollen) Unterwasser schießt (Abb. 6)

[1]) Berechnet aus der Überfallmenge am Meßwehr.
[2]) Ermittelt aus den nach Pitotrohr-Aufnahmen gezeichneten Isotachen.

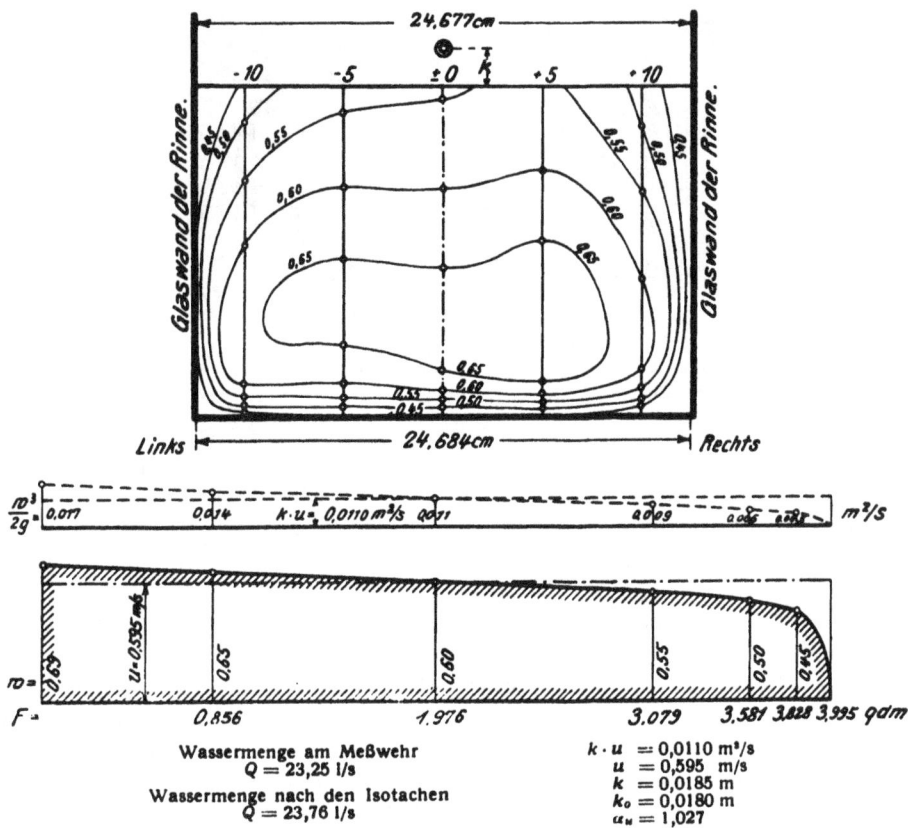

Wassermenge am Meßwehr
Q = 23,25 l/s

Wassermenge nach den Isotachen
Q = 23,76 l/s

$k \cdot u = 0,0110$ m³/s
$u = 0,595$ m/s
$k = 0,0185$ m
$k_0 = 0,0180$ m
$\alpha_u = 1,027$

Maßstäbe wie zu Abb. 3.

Abb. 5. Ermittelung des Geschwindigkeitshöhen-Ausgleichwertes α_u am Modell III im Profil 0—18.
(Rinne vor dem Stolleneinlauf. Wasser strömt.)

2*

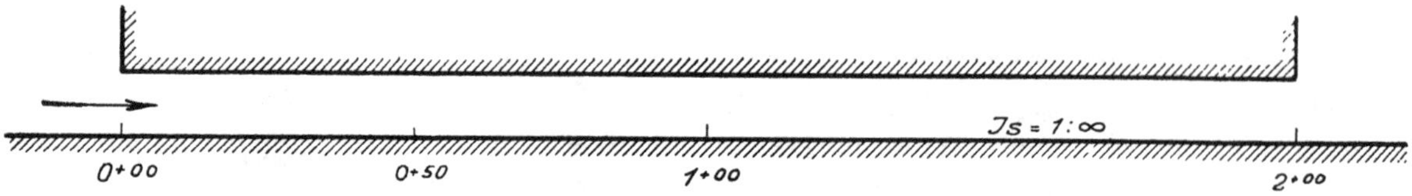

Skizze 1 : 15 des Stollenmodelles IV.

Skizze 1 : 15 des Stollenmodells IV.

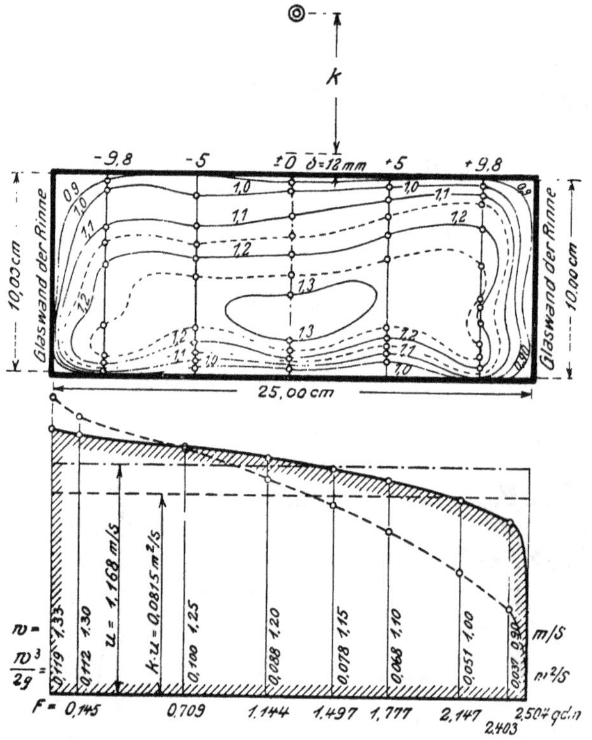

Wassermenge
am Meßwehr
$Q = 28,00$ l/s

Wassermenge
nach den Isotachen
$Q = 29,24$ l s

$k \cdot u = 0,0815$ m²/s
$u = 1,168$ m/s
$k = 0,0698$ m
$k_u = 0,0694$ m
$\alpha_u = 1,006$

Maßstäbe wie zu Abb. 3.

Abb. 6. Ermittelung des Geschwindigkeitshöhen-Ausgleichwertes α_u am Modell IV im Profil 0 · 50.
(Stollenscheitel überstaut. Stollen nicht belüftet. Stollendecke unter Druck. Unterwasser schießt.)

Auffallend sind in Tabelle III die verhältnismäßig geringen Unterschiede zwischen den α_u-Werten Nr. 4, 5 und 6, obgleich sie bei Geschwindigkeiten, benetzten Querschnitten und hydraulischen Radien ermittelt wurden, die um mehr als 100 v. H. untereinander verschieden waren, und obgleich die betreffenden Meßstellen teils im Oberwasser, teils unterhalb der Strahleinschnürung am Stolleneinlauf lagen. Es scheint, als ob der Wert α_u am stärksten durch die Rauhigkeit des benetzten Umfanges beeinflußt wird: der α_u-Wert Nr. 7 ist in dem glatteren Modell IV ermittelt worden. Daher hätte vielleicht für den mit abgeglättetem Zementverputz ausgekleideten Mühleberg-Stollen ein kleinerer Geschwindigkeitshöhen-Ausgleichwert — etwa $\chi = 1,04$ bzw. $\alpha_u = 1,12$ — gewählt werden dürfen. Doch ist es wie für den Vergleich der Kellerschen Untersuchungen mit der vorliegenden Arbeit auch für die Auswertung der Messungen am Mühlebergstollen selbst bedeutungslos, ob der Geschwindigkeitshöhen-Ausgleichwert durch Heranziehen weiteren Beobachtungsmaterials um einige Hundertteile hätte genauer ermittelt werden können.

V. Ermittelung der Drucklinie.

Die Definition der Bernoullischen Energielinie sagt, daß ein Punkt dieser Linie bestimmt ist aus der Summe: Geodätische Höhe + Wassersäulenhöhe + Geschwindigkeitshöhe. Als zweite wichtige Unterlage für die Aufzeichnung der Energielinie war daher der freie Wasserspiegel bzw. bei vollaufendem Stollen die hydraulische Drucklinie einzumessen. In einer ganzen Reihe von neueren Abhandlungen über Fragen der Hydraulik[1]) ist diese Drucklinie bei der Berechnung von Rohrleitungen, also sinngemäß auch von Druckstollen als Verbindungsgerade des Oberwasserspiegels beim Einlauf mit dem Unterwasserspiegel beim Auslauf eingezeichnet; allenfalls ist der Druckhöhenverlust am Rohreinlauf dadurch berücksichtigt, daß die gerade Drucklinie etwas unterhalb des Oberwasserspiegels ansetzt, was den Anschein erweckt, daß in ein und demselben Querschnitt und bezogen auf denselben Horizont zwei verschieden große Drücke auftreten könnten. Bei den vorliegenden Untersuchungen hat sich nun herausgestellt, daß für Rohrleitungen mit geringem Gefälle und für Stollen der Verlauf der Drucklinie ein anderer ist.

Der Unterdruck über der Strahleinschnürung.

Zunächst tritt, entsprechend der von Forchheimer in seiner Hydraulik [5] auf S. 266 erwähnten Entdeckung G. B. Venturis, an der seit J. Newton contractio venae (auch vena contracta, Einschnürung) genannten Stelle stets Unterdruck auf. Bei den untersuchten Stollenmodellen mit rechteckigen und kreisrunden Profilen, die scharfkantig an der Stirnwand des Stollens ansetzten, wird hier Luft sehr lebhaft angesaugt, sobald durch eine Öffnung in der Stollendecke die Verbindung mit der atmosphärischen Luft hergestellt ist. Dieser Vorgang ist der Unterdruckbildung im Raum unter dem Strahl eines scharfkantigen Überfallwehres vergleichbar, solange die Verbindung dieses Raumes mit der atmosphärischen Luft noch nicht hergestellt ist, solange also die Erscheinung des sog. angeschmiegten Strahles mit wassergefülltem Kopfe vorliegt. Dagegen konnte die Angabe Kochs [10] über die Entstehung dieses Unterdruckes beim Grundausfluß mit Ansatz bei den Versuchen zur vorliegenden Arbeit keine Bestätigung finden. Wenn nämlich zu Beginn eines Versuches die wachsende Wassermenge zunächst die Versuchsrinne bis zum Stollenscheitel füllt, so verhindert bei weiterem Ansteigen des Oberwassers der durch die Einschnürung bedingte Unterdruck das Loslösen des Wasserspiegels von der Stollendecke: der Stollenscheitel kommt stromabwärts bis zum Auslauf hin wieder unter Druck, und zwar auch bei ungestautem Unterwasser. Das Lichtbild Abb. 9 zeigt diese Erscheinung deutlich. Obwohl der Unterwasserspiegel stromabwärts und seitlich des Glasrohres etwa 4 cm tiefer liegt als der Rohrscheitel, läuft doch das Rohr bis zum Auslauf scheitelvoll. Erst dann sinkt der Wasserspiegel zur Höhe des Unterwasserspiegels ab. Anders dagegen, wenn durch Luftzutritt durch die Öffnung in der Stollendecke der Unterdruck in der Einschnürung ausgeglichen worden war und der Wasserspiegel sich von der Stollendecke bis zum Auslauf hin gelöst hatte. Dann genügte auch nach Verschließen jener Öffnung der Raum zwischen Wasserspiegel und Stollendecke, der bei einer Einschnürungszahl von etwa 0,6 einen Querschnitt von etwa 40 v.H. der Stollenfläche besaß, um auch bei dem 2,0 m langen Stollenmodell die von der Oberfläche des durchschießenden Wassers aus der Einschnürung mitgerissene Luft vom Stollenauslauf her wieder zu ersetzen. Es konnte somit keine Luftverdünnung und kein Ansaugen des Wasser-

---

[1]) **Streck**, Aufgaben aus dem Wasserbau, S. 105 bis 140 [24]; **Winkel**, Hydromechanik der Druckrohrleitungen, S. 46, 70 bis 75, 93 [28].

spiegels an die Stollendecke entstehen. Der Widerspruch gegen die Beobachtung Kochs ist vielleicht daraus zu erklären, daß bei den Kochschen Versuchen die Geschwindigkeit des Ausflußstrahles entsprechend dem viel stärker angespannten Oberwasser ein Vielfaches betragen hat von der betreffenden Geschwindigkeit bei den Stollenversuchen.

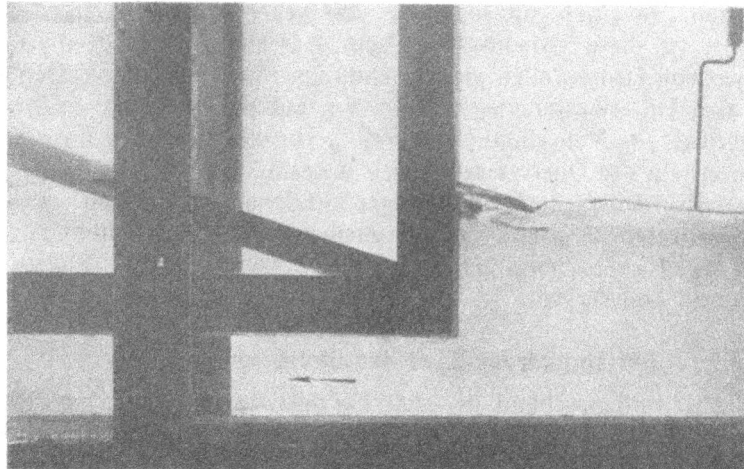

Abb. 7. Stollenmodell IV. Stollendecke nicht belüftet. Abfluß von 34 l/s bei ungestautem Unterwasser.

Abb. 8. Stollenmodell IV. Stollendecke belüftet. Abfluß von 34 l/s bei ungestautem Unterwasser. Abb. 7 und 8 vom selben Standort aufgenommen.

Die Größe des Unterdruckes unter der Stollendecke in mm Wassersäule wurde mit Piezometern gemessen, wie dies auf Abb. 1 dargestellt ist. Die betreffenden Werte konnten unmittelbar aus dem Höhenunterschied der beiden Wasserspiegel in dem U-Rohr abgelesen werden. Da die lichte Weite des U-Rohres etwa 10 mm betrug, wurde von einer Korrektion der Kapillardepression abgesehen. Eine Überprüfung dieses Verfahrens ergab sich bei Wiederholungen der Versuche daraus, daß der Unterdruck bei den verschiedenen Wassermengen in einem von oben in ein weites Gefäße

eintauchenden, statt des U-Rohres an das Steigrohr angeschlossenen Glasrohr gemessen wurde. Hierbei stimmen die Meßergebnisse mit den im U-Rohr festgestellten
genügend überein: die Abweichungen waren kaum größer als zwischen wiederholten
Messungen mit dem U-Rohr (Abb. 11). Dabei muß berücksichtigt werden, daß die Ablesung am Tauchrohr etwas schwieriger ist als am U-Rohr. Denn — möglichst gleiche
Weite der Schenkel vorausgesetzt — steigt in diesem der eine Meniskus um so viel

Abb. 9. Stollenmodell V. Stollenscheitel nicht belüftet. Abfluß von 36 l/s. Rohr bis
zum Auslauf scheitelvoll, trotz etwa 4 cm tiefer liegendem Unterwasserspiegel.

Abb. 10. Stollenmodell V. Stollenscheitel belüftet. Abfluß von 36 l/s bei gleichem Stau
im Unterwasser wie zu Abb. 9. Beide Aufnahmen vom selben Standort aus.

über die Ruhelage wie der andere darunter sinkt. Es genügt also, den Abstand des
einen Meniskus von der Ruhelage zu beobachten und die Ablesung zu verdoppeln,
um die gesuchte Wassersäulenhöhe zu erhalten. Beim Tauchrohr dagegen verschieben
sich die beiden Wasserspiegel sehr verschieden stark aus der Ruhelage. Man muß
also erst den Nullpunkt des Maßstabes auf den einen einstellen und dann die Höhenlage des zweiten ablesen.

Das Vorhandensein von Druck unter der Stollendecke und seine ungefähre Größe
wurde ebenfalls mit derartigen Piezometern festgestellt.

18

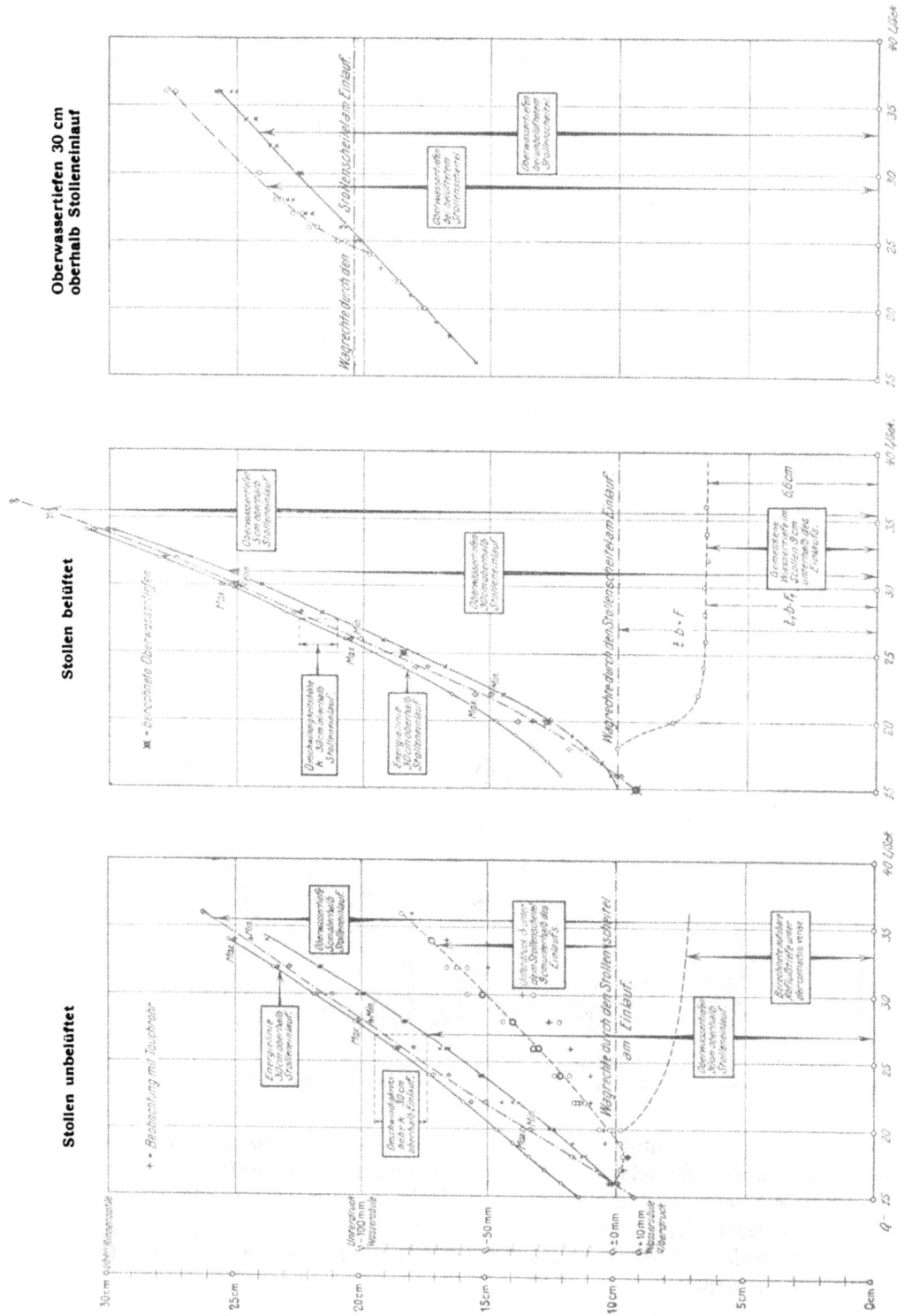

Stollen unbelüftet

Stollen belüftet

Oberwassertiefen 30 cm
oberhalb Stolleneinlauf

Stollenmodell IV (rechteckiger Querschnitt)   Stollenmodell V (Kreisquerschnitt)

Abb. 11. Wassertiefen, Höhenlagen der Energielinie und Druckverhältnisse im Stollenscheitel.

Vergrößerung des Unterdruckes bei zunehmender Abflußmenge.

Die Abhängigkeit der Größe des Unterdruckes unter der Stollendecke 9 cm stromabwärts vom Stollenanfang von der mit zunehmender Abflußmenge ansteigenden Höhenlage der Energielinie über dem Oberwasser 30 cm stromaufwärts vom Stolleneinlauf ist auf Abb. 11 dargestellt. Die Höhenlage der Energielinie ist deshalb der Untersuchung zugrunde gelegt, weil bei Versuchen anderer Verfasser und bei wirklichen Stollen der Abfluß des Wassers häufig aus einem großen Becken mit nahezu stillstehendem Wasser erfolgt, wobei die Wasserteilchen bis kurz vor dem Stolleneinlauf fast keine kinetische, sondern nur potentielle Energie besitzen, der Wasserspiegel also nahezu in der Höhe der Energielinie liegt. Die Stelle 30 cm oberhalb des Stolleneinlaufes wurde für die Berechnung der Höhenlage der Energielinie gewählt, um aus dem Störungsbereich vor dem Einlauf (Wirbel, Stauwellen) herauszukommen (Abb. 7). Daß die Druckkurve für einen zwischen 16 l/s und 19 l/s liegenden Abfluß einen geringen Überdruck zeigt, ist darauf zurückzuführen, daß die Längenausdehnung der Strahlablösung von der Decke noch nicht bis zur Meßstelle reichte, die 9 cm unterhalb des Stolleneinlaufes lag.

Der Unterdruck in der contractio venae wächst annähernd proportional zur Abflußmenge.

Wirksame Druckhöhe.

Wie oben angegeben worden ist, verhindert die Saugwirkung des Unterdruckes unter der Stollendecke die Entstehung der Einschnürung mit freiem Wasserspiegel. Sie saugt die Oberfläche des eigentlichen Wasserstromes hoch, wodurch der wasserführende Querschnitt in der Einschnürung vergrößert wird. Diesen größeren Querschnitt durchströmt eine bestimmte Wassermenge mit kleinerer Geschwindigkeit als den kleineren Querschnitt der Einschnürung mit freiem Wasserspiegel im belüfteten Stollen. Die kleinere Geschwindigkeit verlangt aber auch nur eine kleinere Druckhöhe oder Oberwassertiefe. Anders ausgedrückt heißt das, daß bei

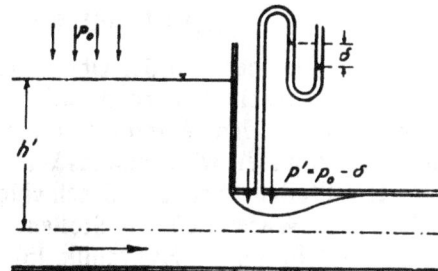

Abb. 12.

gleicher Höhenlage des Oberwasserspiegels, d. h. bei gleicher Druckhöhe im unbelüfteten Stollen mehr Wasser abfließt als im belüfteten. Der Unterdruck an der Einschnürungsstelle vergrößert also die wirksame Druckhöhe. Lorenz gibt dafür in seinem Lehrbuch der Technischen Physik, Bd. III, § 12 [13] die Gleichung [1]:

$$h = h' - \frac{p' - p_0}{\gamma} \text{ (vgl. Abb. 12).}$$

Darin bedeuten:

  h die wirksame Druckhöhe über der Stollenachse,
  h' die Oberwassertiefe über der Stollenachse, hier 30 cm oberhalb des Stolleneinlaufes gemessen,
  γ das spezifische Gewicht der Flüssigkeit, hier 1000 kg/cbm,
  p_0 der auf Oberwasserspiegel und Stollenauslauf lastende Atmosphärendruck rund 10000 mm Wassersäule = 10000 kg/qm,

[1] A. Föppl führt im VI. Bande seiner Vorlesungen über Technische Mechanik [4] gelegentlich der Besprechung des Carnotschen Satzes dieselbe Gleichung an in der Form:

$$H_1 - H' = \frac{p_1 - p'}{\gamma}.$$

p' der im Piezometer gemessene Druck $= p_0 - \delta$ in mm Wassersäule, worin δ den beobachteten Abstand der Menisken im U-Rohr, also die auf Abb. 11, aufgetragene Größe darstellt.

Nach Einsetzen des Wertes für p' erhält man:

$$h = h' - \frac{p_0 - \delta - p_0}{\gamma} = h' + \frac{\delta}{\gamma} = h' + 0{,}001 \, \delta,$$

weil δ mm Wassersäule $= \delta$ kg/qm.

Die auf diese Weise mit den in den Kurven Abb. 11 links festgelegten Größen h' und δ berechneten Werte h sind in Abb. 11 Mitte eingetragen; sie liegen nahezu auf der Kurve für die Oberwassertiefen 30 cm oberhalb des Einlaufes bei belüfteter Stollendecke. Durch das Anbohren des Unterdruckgebietes unter der Stollendecke wird somit ein praktischer Beweis geliefert für die theoretisch berechnete Vergrößerung der wirksamen Druckhöhe infolge der Saugwirkung eben jenes Unterdruckes. Dieser Beweis scheint bei den vorliegenden Versuchen zum ersten Male ausgeführt zu sein.

Umgekehrt läßt sich aus den Differenzen der Oberwassertiefen bei vorhandener und fehlender Lüftung des Stollenscheitels für das Stollenmodell V (Kreisquerschnitt) entnehmen, daß z. B. beim Abfluß von 30 l/s in der Einschnürung ein um rund 13 mm Wassersäule kleinerer Druck als Atmosphärendruck herrschen muß.

Vergleich mit dem Ausfluß durch Ansatzröhren.

Ein Stollen, bei dem der Oberwasserspiegel höher liegt als sein Scheitel, kann als Ansatzrohr betrachtet werden; allerdings als ein sehr langes Ansatzrohr, bei dem die Reibung an den Wandungen die Abflußerscheinungen am Einlauf wenigstens solange beeinflussen wird, als das Wasser im Stollen nicht schießend abfließt; für den belüfteten Stollen wird die Geschwindigkeitshöhe k beim Abfluß von 20 l/s größer als die halbe Wassertiefe im Stollen. Es sei nun an dieser Stelle versucht, die von Forchheimer in seiner Hydraulik [5][1] gebrachten Versuchsergebnisse und Gesetze für den Ausfluß durch Ansatzröhren mit den Beobachtungen zur vorliegenden Arbeit zu vergleichen. Dabeι stellen sich wesentliche Abweichungen heraus. Diese sind vielleicht darauf zurückzuführen, daß Forchheimer Zahlenwerte für Ansatzröhren mit Kreisquerschnitt gibt, die mit dem Gefäßboden oder den Gefäßwandungen nicht bündig sitzen und deshalb eine ringförmige Strahleinschnürung zeigen, während bei den Stollenmodellen sowohl der Boden als auch die Seitenwandungen bündig an die Oberwasserrinne anschließen, wobei sich nur unter der Stollendecke die Zusammenziehung ausbilden kann.

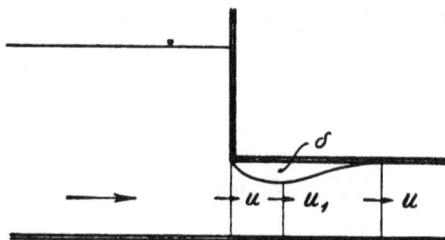

Abb. 13.

Vor allem wurden bei den Versuchen am Stollenmodell die Bedenken Forchheimers bestätigt, bei der Berechnung des Unterdruckes den Abflußbeiwert für scharfkantige Öffnungen (= für belüftete Stollen) an Stelle des Einschnürungsbeiwertes für Ansatzstutzen (= für unbelüftete Stollen) zu setzen. Mit dem beobachteten Druckunterschied δ zwischen der Außenluft und dem Raum

[1] Abschnitt IX, § 76.

unter dem Stollenscheitel am Einlauf läßt sich nämlich mit Hilfe der Bordaschen Gleichung [1]

$$\delta = \frac{u\,(u_1 - u)}{g} \quad \text{(vgl. Abb. 13)}$$

für jede Wassermenge die mittlere Geschwindigkeit u_1 und damit die nutzbare Abflußtiefe in der Einschnürung berechnen. Die so gefundenen Werte sind auf Abb. 11 links zu einer Kurve zusammengestellt, die einen anderen Verlauf zeigt als die Kurve der Wassertiefen im belüfteten Stollen: die berechnete Nutztiefe im unbelüfteten Stollen ist beim Abfluß von 22 l/s um 26 v. H., beim Abfluß von 30 l/s immer noch um 11 v. H. größer als die beobachtete Nutztiefe im belüfteten Stollen.

Ferner ergab ein Vergleich der Druckhöhe h mit dem Unterdruck δ kein stetes Verhältnis zwischen diesen beiden Werten; die Verhältniszahl

$$n = \frac{\delta}{h},$$

die nach Forchheimer (Gleichung 145 c) $= 0{,}89$ und nach de Saint-Venant $= 0{,}75$ sein soll, nimmt nach den vorliegenden Messungen mit wachsender Abflußmenge zu, wie die folgende Zusammenstellung zeigt:

Abfluß-menge Q l/s	Druckhöhe h[1] $= t - 50$ mm	Unterdruck δ mm	Vergleichszahl $n = \dfrac{\delta}{h}$
20	75	2,5	0,033
25	109	25	0,23
30	149	51	0,34
35	195	78	0,40

[1] Bezogen auf die 50 mm über Rinnensohle liegende Stollenachse.

Vergleich mit dem Grundausfluß mit Ansatz (Koch).

Die oben schon erwähnten, von Carstanjen herausgegebenen Grundlagen Kochs zu einer praktischen Hydrodynamik für Bauingenieure [10] sind nach der Fertigstellung der vorliegenden Arbeit erschienen. Es stellte sich nun heraus, daß der Abschnitt über den Ausfluß aus Wandöffnungen und die dazugehörigen Versuche eine sehr wertvolle Bestätigung der ohne Kenntnis von den Kochschen Untersuchungen ausgeführten, hier vorliegenden Arbeit sind. Der Grundausfluß mit Ansatz entspricht einem kurzen, unbelüfteten Stollen; der Ausfluß unter einem scharfkantigen

[1] Bei Forchheimer a. a. O.

$$h = \frac{U_1\,(U_1 - U_2)}{g}\,; \quad U_2 = U.$$

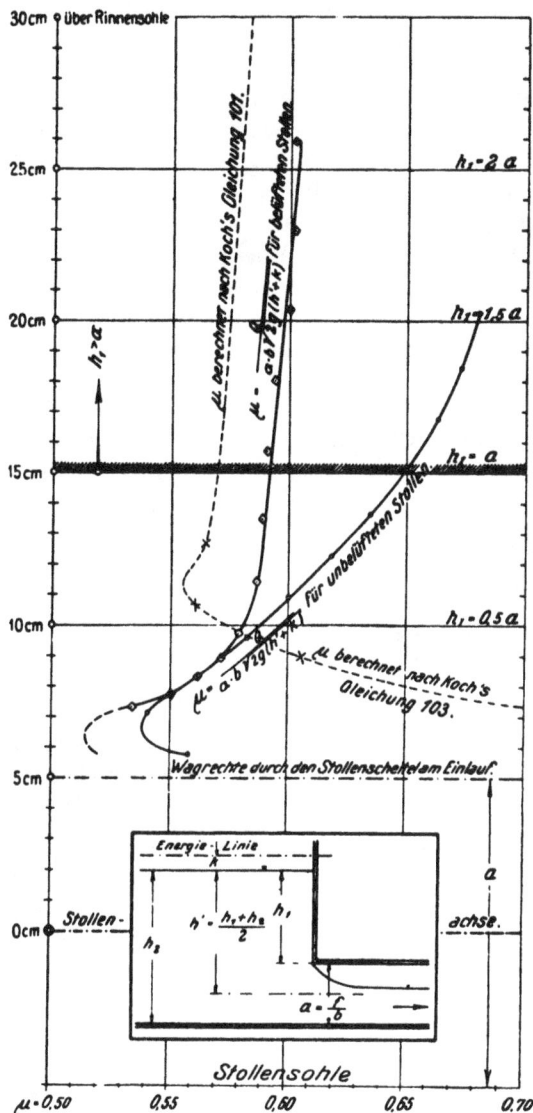

Abb. 14. Abflußbeiwerte μ für den belüfteten und den unbelüfteten Stollen.

Schütz ist dem Abfluß im belüfteten Stollen gleich. Im Anschluß an den Vergleich mit dem Ausfluß durch Ansatzröhren sei hier zunächst der Grundausfluß mit Ansatz behandelt. Da Koch der Berechnung des Unterdruckes unter dem Ansatz und der Ergiebigkeit dieser Form des Grundausflusses die Einschnürungszahl oder den Abflußbeiwert μ zugrunde legt, so mußte dieser aus den am Modellstollen gemessenen Werten berechnet werden. Dies erfolgte mit Hilfe der Gleichung

$$Q = \mu \cdot a \cdot b \sqrt{2g\left(\frac{h_1 + h_2}{2} + k\right)} \quad \text{(Koch [10] S. 98),}$$

die mit der Gleichung 143a Forchheimers

$$Q = \mu \cdot f \sqrt{2g\left(h' + \frac{u^2}{2g}\right)}$$

übereinstimmt (vgl. Abb. 14). Es ist dabei zu beachten, daß diese Gleichung streng genommen nur gilt, wenn

$$h_1 > a$$

ist; dieser Geltungsbereich der μ-Kurven ist auf der Abb. 14 angegeben.

Wie zu erwarten war, sind die μ-Werte für den unbelüfteten Stollen schon im Beobachtungsbereich ($h_1 = 1,0a$ bis $h_1 = 1,5a$) nicht unwesentlich größer als diejenigen für den belüfteten Stollen. Diese Erscheinung war auch Koch bekannt, wie aus seiner Abb. 182 hervorgeht, wo die Lage des Wasserspiegels im Querschnitt 1··1 (größte Einschnürung) bei freiem Abfluß (belüftetem Stollen) mit n', bei angesaugtem (nicht belüftetem Stollen) mit dem höher gelegenen n angegeben ist. Es ist deshalb bemerkenswert, daß Koch im Verlauf dieses Abschnittes über den Grundausfluß mit Ansatz seinen Berechnungen auch bei veränderlichem Verhältnis $h_1 : a$ den konstanten Wert

$$\mu = 0,6$$

zugrunde legt, den er in einem vorangehenden Abschnitt theoretisch für den Abfluß unter senkrechter Wand (im belüfteten Stollen) für ein Verhältnis

$$H_0 : a = 8 \quad \text{bzw.} \quad h_1 : a \sim 7$$

gefunden hat. Es sollen nun im folgenden einige Werte mittels der von Koch abgeleiteten Gleichungen berechnet und mit den am Modell gemessenen Werten verglichen

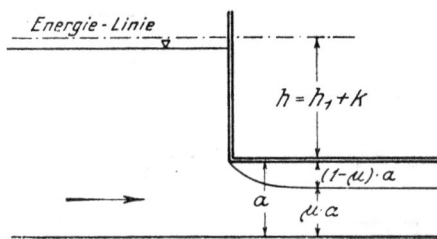

Abb. 15.

werden. Dabei ist zu beachten, daß Koch einige Vereinfachungen in seinen Gleichungen vorgenommen hat, die jedoch nur für die von ihm berechneten Beispiele zulässig sind, wenn nämlich das Verhältnis $h_1 : a$ den Wert 7 oder 10 besitzt, wenn h_1 mit anderen Worten ein Vielfaches von a ist. Ähnlich wie bei der Ableitung der μ-Werte Koch die Oberwassertiefe einschließlich der Geschwindigkeitshöhe in die Rechnung eingesetzt hat, wird auch hier die Höhe h[1]) nicht bis zum Wasserspiegel, sondern bis zur Energielinie gemessen. Ferner fällt die von Koch berechnete Steigerung der Ergiebigkeit des unbelüfteten Schützes mit Ansatz um 39[2]) v. H. gegenüber dem gewöhnlichen Grundausfluß auf, und es zeigt sich, daß diese

---

[1]) Der Abstand Stollenscheitel—Wasserspiegel wird mit h_1 bezeichnet gemäß der Kochschen Abb. 161 oder Abb. 14 der vorliegenden Arbeit statt h der Kochschen Abb. 182. Ebenso wird im folgenden die Geschwindigkeitshöhe mit k bezeichnet, statt wie bei Koch mit s.

[2]) Der Wert 38 v.H. entstand durch einen Fehler in der Berechnung der Geschwindigkeitshöhe s; es muß heißen $\quad s = 0,696 \cdot h \quad \text{statt} \quad 0,684 \cdot h.$

Steigerung viel geringer gefunden wird, wenn bei der Berechnung der durch den Grundausfluß gelieferten Wassermenge das Stück der Geschwindigkeitshöhe zwischen freiem Wasserspiegel und Stollenscheitel also das Maß $(1-\mu) \cdot a$ nicht vernachlässigt wird (vgl. Abb. 15, oder bei Koch [10] selbst, Abb. 162). Aus den Kurven der Höhenlage der Energielinie über dem Oberwasser 30 cm vor dem Stolleneinlauf (Abb. 11) und der μ-Werte (Abb. 14) ergeben sich folgende, am Modell beobachtete Größen:

$h_1 + k = h_B$ im belüfteten Stollen $= 0,20$ m $\quad\rbrace$ für gleiche Abflußmenge
$h_1 + k = h_v$ im unbelüfteten Stollen $= 0,148$ m $\quad\rbrace\qquad Q = 33,5$ l/s.
Q_B im belüfteten Stollen (für $h = 0,148$ m) $= 29,5$ l/s
μ_B im belüfteten Stollen $\qquad = 0,595$ m $\quad\rbrace$ für gleiche Höhenlage der Energie-
μ_v im unbelüfteten Stollen $\qquad = 0,670$ m $\quad\rbrace\qquad$ linie $h = 0,148$ m
$a = 0,10$ m $= 0,675 \cdot h_v$.

Aus der Kochschen Gleichung 108b

$$h_v + \frac{a}{2}(1-\mu_B)^2 = k_v\left[\left(1-\frac{1}{\mu_B}\right)^2 + 1\right]$$

erhält man für $\mu_B = 0,595$ die Geschwindigkeitshöhe

$$k_v = 0,107 \text{ m.}$$

Nach der gewöhnlichen Berechnungsweise findet man

$$k_v = a_u \cdot \frac{Q_v^2}{F^2 \cdot 2g} = 1,03 \cdot \frac{0,0335^2}{0,025^2 \cdot 19,62} = 0,094 \text{ m.}$$

Die Größe des Unterdruckes δ unter der Stollendecke in mm Wassersäule ergibt sich aus Gleichung 108

$$a + h_v = \mu_B \cdot a + \frac{1}{\mu_B{}^2} \cdot k_v - \delta,$$

indem hier der eben berechnete Wert $k_v = 0,107$ m eingesetzt wird:

$$\delta = 0,115 \text{ m.}$$

Die Übereinstimmung mit dem beim Abfluß von 33,5 l/s gemessenen Unterdruck $\delta = 0,070$ m wird fast erreicht, wenn man statt der aus Gleichung 108b (Koch) berechneten Geschwindigkeitshöhe $k_v = 0,107$ m die beobachtete Geschwindigkeitshöhe $k_v = 0,094$ m einsetzt; dann liefert die Gleichung 108 den Wert

$$\delta = 0,078 \text{ m.}$$

Es können weiter die Wassermengen berechnet werden, die der unbelüftete bzw. der belüftete Stollen liefert bei gleicher wirksamer Druckhöhe. Durch den unbelüfteten Stollen fließt bei einer Druckhöhe $h_v = 0,148$ m

$$Q_v = a \cdot b \cdot \sqrt{2g\,k_v},$$

und da $k_v = 0,107$ m $= 0,723 \cdot h_v$ ist, so wird

$$Q_v = a \cdot b \cdot \sqrt{0,723} \cdot \sqrt{2g\,h_v} = 36,2 \text{ l/s,}$$

d. h. eine Abflußmenge, die um rund 8 v.H. größer ist als die beobachtete. Mit der Geschwindigkeitshöhe $k_v = 0,094$ m $= 0,635\,h_v$, die ja aus der beobachteten Abflußmenge berechnet worden ist, ergibt sich

$$Q_v = a \cdot b \sqrt{0,635} \cdot \sqrt{2g\,h_v} = 33,5 \text{ l/s.}$$

Die Kochsche Gleichung 108b scheint also etwas zu große Geschwindigkeitshöhen zu ergeben. In vielen Fällen wird sie aber entbehrlich sein, da die Abflußmenge meist der einer Berechnung zugrunde liegende Wert ist, und dann aus Abflußmenge und Stollenquerschnitt die mittlere Geschwindigkeit und die Geschwindigkeitshöhe ermittelt werden können.

Durch den belüfteten Stollen fließt nun bei der gleichen Druckhöhe

$$Q_B = \mu_B \cdot a \cdot b \sqrt{2g\,[h_U + (1 - \mu_B)\,a]},$$

weil bis zu dem Querschnitt, in dem die Wassertiefe bis auf den Wert $\mu_B \cdot a$ gesunken ist, nur Beschleunigung wirkt und deshalb die Energielinie praktisch als horizontal verlaufend angenommen werden kann. In vorliegendem Falle erhält man aus dieser etwas verbesserten Gleichung die Abflußmenge

$$Q_B = \mu_B \cdot a \cdot b \cdot \sqrt{1 + (1 - \mu_B) \cdot 0,675} \cdot \sqrt{2g\,h_U} = 28,65 \text{ l/s}$$

statt der beobachteten 29,5 l/s. (Nach der von Koch benützten Gleichung

$$Q_B = \mu_B \cdot a \cdot b \cdot \sqrt{2g\,h_U}$$

wäre die Abflußmenge im belüfteten Stollen nur 25,35 l/s.) Die Steigerung der Ergiebigkeit des Stollens, dessen Belüftung an der Einschnürungsstelle verhindert wird, sollte für den vorliegenden Fall 26,4 v.H. betragen, da

$$\frac{Q_U}{Q_B} = \frac{a \cdot b \cdot \sqrt{0,723} \cdot \sqrt{2g\,h_U}}{\mu_B \cdot a \cdot b \cdot \sqrt{1 + (1 - \mu_B) \cdot 0,675} \cdot \sqrt{2g\,h_U}} = 1,264$$

ist. Aus dem Verhältnis der beobachteten Abflußmengen

$$\frac{Q_U}{Q_B} = \frac{33,5}{29,5} = 1,135$$

berechnet steigt die Abflußmenge im unbelüfteten Stollen nur um 13,5 v.H. Dagegen würde man aber ohne Berücksichtigung des Stückes $(1 - \mu) \cdot a$ der Geschwindigkeitshöhe im belüfteten Stollen eine Steigerung der Ergiebigkeit um 43 v.H. erhalten. Denn nach Kürzen der gleichen Glieder in Zähler und Nenner würde sich das Verhältnis

$$\frac{Q_U}{Q_B} = \frac{\sqrt{0,723}}{\mu_B} = 1,43$$

ergeben. Im ganzen zeigt das durchgerechnete Beispiel, daß die von Koch abgeleiteten Berechnungsweisen gute Annäherungswerte liefern.

Die Helmholtzsche Trennungsfläche.

In seinem Aufsatz »Über diskontinuierliche Flüssigkeitsbewegungen« zeigte Helmholtz, daß an jeder scharfen Kante, an der Flüssigkeit vorbeiströmt, diese sich von der festen Wand ablösen muß, und daß von dieser Kante an der eigentliche Flüssigkeitsstrom von den Flüssigkeitsteilchen an den Rinnenwandungen durch eine »Wirbelfläche« getrennt ist, die Helmholtz deshalb »Trennungsfläche« nannte.

Diese Trennungsfläche als Begrenzung des freien Strahles im zweidimensionalen System ansehend hat dann Kirchhoff die mathematischen Grundlagen geliefert für die Berechnung einer Reihe von Strahlformen, darunter diejenige, die in neuen Werken (z. B. Lorenz [13], Föppl [4]) ausführlich dargestellt ist: der Ausflußstrahl durch einen langen Spalt in der Wand eines Gefäßes. Diese Strahlform wird zwar als Ausfluß durch einen Bodenspalt, also als Ausfluß in der Richtung der Schwerkraft dargestellt. Da aber die hydrodynamische Ableitung der Strahlform ohne Berücksichtigung eines Einflusses der Schwerkraft gegeben wird, kann die Strahlachse auch wagerecht gedacht werden. Und da die Betrachtung Potentialströmung annimmt, so darf statt der — jetzt wagerecht liegenden — Symmetrieebene eine feste Wand bzw. die Rinnensohle bei Vernachlässigung der an ihr auftretenden Reibung eingesetzt werden. Die Ähnlichkeit mit dem in der vorliegenden Arbeit behandelten, ebenfalls zweidimensionalen »Abfluß durch belüftete Stollen« ist damit gegeben (vgl. Abb. 16 und 17).

Die Diskontinuitätsfläche im Helmholtzschen Sinne, d. h. zwischen zwei Gebieten derselben Flüssigkeit, wird von der Stirnkante nur im unbelüfteten Stollen erzeugt. Soweit ihr Verlauf beobachtet oder angenommen werden kann (vgl. Abb. 18), entspricht er nicht dieser Theorie. Es macht sich hier die Wirkung der Schwerkraft und der Reibung bemerkbar.

Für den in der vorliegenden Arbeit nicht behandelten Versuch, die Ablösung des Strahles von der Stollendecke hinter der Stirnkante bei belüfteter contractio venae dadurch zu vermeiden, daß man den Stolleneinlauf düsenartig gestaltet, ist bemerkenswert, daß Helmholtz zeigt, daß auch bei kleinster Geschwindigkeit jede geometrisch scharfe Kante die Trennungsfläche entstehen lasse, und daß auch an abgerundeten Kanten die Erscheinung bei größeren Geschwindigkeiten eintritt. Allerdings ist an Einlaufdüsen die Gefahr der Ablösung geringer als an Auslaufdüsen. Aber z. B. bei Grundablaßstollen handelt es sich dafür auch um recht beträchtliche Geschwindigkeiten: so wurden am Grundablaß Mühleberg (belüfteter Stollen) Geschwindigkeiten bis 15 m/s beobachtet, die im unbelüfteten Stollen bei einem Abflußbeiwert

$$\mu \cong 0,6$$

noch 9 m/s betragen würden.

Schließlich sei noch darauf hingewiesen, daß nach der Theorie die Randstromlinien sich von der Stollenstirnfläche an der Kante in tangentialer Richtung ablösen und dann erst in die neue Richtung einbiegen sollten.

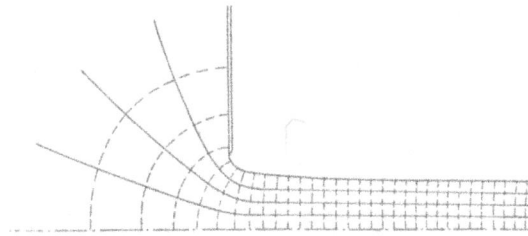

Abb. 16. Verlauf der Strom- und Potentiallinien nach Kirchhoff.

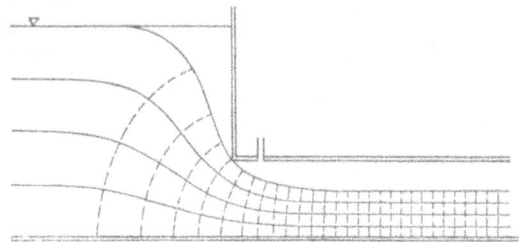

Abb. 17. Ungefährer Verlauf der Strom- und Potentiallinien im Einlauf des belüfteten Stollens.

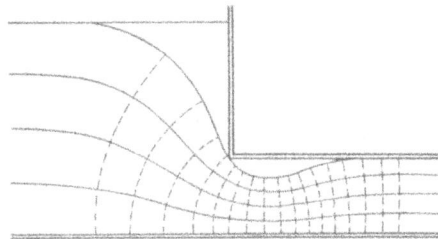

Abb. 18. Ungefährer Verlauf der Strom- und Potentiallinien im Einlauf des unbelüfteten Stollens.

Dem widersprechen jedoch die Beobachtungen, die bei den Versuchen zur vorliegenden Arbeit gemacht wurden, und die Ergebnisse der Kochschen Schützversuche zeigen einen ähnlichen Widerspruch. Die beigefügten Lichtbilder Abb. 2, 8, 21 und 23 (Momentaufnahmen des Wasserabflusses im belüfteten Stollen) lassen erkennen, daß an der Stirnkante des Stollens die Tangente an die Strahlkurve und die Stirnebene des Stollens nicht zusammenfallen, sondern einen gewissen Winkel einschließen. Diese Form der Strahlkurve ist auch von Koch beobachtet worden, und er hat in einer Reihe seiner Textabbildungen (z. B. Abb. 176, 182, 184, 188, 315) seine Feststellung kenntlich gemacht, daß die Schütztafel — also auch die Stollenstirnfläche — auf der Wasserseite nicht ganz bis zur Stirnkante unter Druck stehe, sondern daß »der luftverdünnte Raum noch eine gewisse Strecke weit auf die Vorderfläche der Schütztafel übergreife« ([10], S. 121). Es mag dahingestellt bleiben, wie weit die mitgeteilten Beobachtungen den Schluß zulassen, daß die Helmholtzsche Trennungsfläche schon vor der Stirnkante entstehen muß und daß ein Zusammenhang besteht mit jener Wirbelfläche, die den eigentlichen Strom bei seinem Untertauchen unter die Stauwelle vor der Stollenstirnwand von dem dort sich bildenden walzenartigen Wasserkeil trennt.

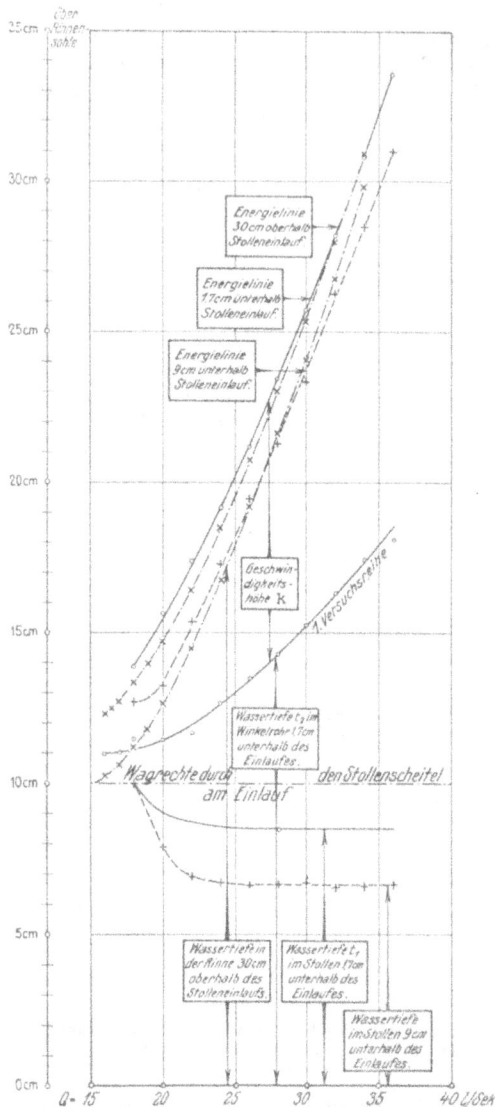

Abb. 19. Höhenlage des Wasserspiegels, des Meniskus im Winkelrohr und der Energielinie am Einlauf des belüfteten Stollens beim Abfluß verschiedener Wassermengen.

Es wurde oben schon erwähnt, daß im unbelüfteten Stollen die Trennungsfläche nicht den theoretischen Verlauf nimmt, sondern infolge des Unterdruckes unter der Stollendecke sich an diese bald wieder anlegt. Bemerkenswert ist nun, daß die an der Stollenstirnkante sich ablösende Grenzschicht ebenso verläuft. Man kann also wohl von einer Ansaugung der Grenzschicht sprechen, und es wäre, wenn auch praktisch kaum von Bedeutung, doch theoretisch wohl von Wert, ob durch Absaugung der Grenzschicht bzw. durch künstliche Vermehrung des Unterdruckes die Ergiebigkeit des Stollens noch weiter gesteigert werden könnte.

Abflußbeiwerte μ und Strahlform.

In den vorangehenden Abschnitten bot sich schon Gelegenheit, auf den Abflußbeiwert oder die Einschnürungszahl μ hinzuweisen. Ein näherer Vergleich ergibt eine brauchbare Übereinstimmung der auf empirischem und auf theoretischem Wege gefundenen μ-Werte. Wie die Abb. 14 zeigt, wurde aus den Messungen bei den Versuchen zur vorliegenden Arbeit für den belüfteten Stollen mit der Gleichung

$$Q = \mu \cdot a \cdot b \cdot \sqrt{2g\,(h' + k)}$$

ein Beiwert μ berechnet, der sehr bald den Wert 0,59 erreicht und von hier fast geradlinig, aber doch wohl asymptotisch sich dem Wert 0,61 nähert, den sowohl die Kochsche praktische wie auch die theoretische Hydrodynamik (vgl. Lorenz [13], § 36 oder Föppl [4], § 65) für unendlich große Oberwassertiefe liefern. Während aber der Wert 0,61 beim Flüssigkeitsstrahl der Hydrodynamik die Einschnürungszahl darstellt, d. h. das Verhältnis Strahlbreite : Mündungsbreite beim Ausfluß aus einem langen, rechteckigen Spalt in der Wand, zeigt die Messung am Ausflußstrahl eines Schützes einen nicht zu vernachlässigenden Unterschied zwischen dem Abflußbeiwert und der Einschnürungszahl. Während nämlich der Abflußbeiwert z. B. bei den Versuchen mit belüftetem Stollen von etwa 0,52 asymptotisch auf 0,61 anwächst (Abb. 14), wird die Einschnürungszahl sehr bald, nämlich beim Abfluß von etwa 26 l/s konstant = 0,66 (Abb. 11 Mitte, Abb. 19). Koch ist auf theoretischem Wege und für die Einschnürung auch durch Versuchsbeobachtung zu demselben Ergebnis gekommen, ohne jedoch diesen Unterschied festzustellen. Denn im Abschnitt »Ausfluß aus Wandöffnungen« seiner »Praktischen Hydrodynamik« nennt er den Wert μ in der Gleichung 88

$$Q = \mu \cdot F \cdot \sqrt{2gh}$$

die Ausflußzahl oder den Ausflußbeiwert. Er berechnet dann diesen Wert μ als »Einschnürungszahl« — d. h. Verhältnis Strahlstärke:Höhe des Schützspalts — mit zunehmender Oberwassertiefe wachsend von 0,565 auf 0,610, und zeigt schließlich, daß die Einschnürungslinie und damit doch auch die Strahlstärke »von der Tiefe und Arbeitshöhe des Oberwassers unabhängig ist«. Koch hat diese Unabhängigkeit der Einschnürungslinie von der Höhenlage der Energielinie über dem Oberwasser an Versuchen überprüft, bei denen die Oberwassertiefe mindenstens fünfmal größer war als die Spalthöhe; deshalb ist es ihm wohl entgangen, daß erst von einer bestimmten Oberwassertiefe aufwärts die Form der Einschnürung konstant wird, wie die oben erwähnten Messungen bei den Stollenversuchen zeigen.

Einfluß der Fliehkraft auf die Druckhöhe.

Eine in der gewöhnlichen Weise durchgeführte Berechnung der Höhenlage der Energielinie für den freien Abfluß von 28 l/s durch den belüfteten Stollen ergab zunächst für die Querschnitte — 0,10, ± 0,00 und +0,09 ein starkes Absinken der Energielinie von Querschnitt —0,10 auf ± 0,00 und ein fast ebenso starkes Wiederansteigen von ± 0,00 bis + 0,09; die entsprechenden Zahlenwerte lauten:

Querschnitt	t in cm	k_0 in cm	α_u	k in cm	$t + k$ in cm
— 0,10	22,15	1,30	1,028	1,34	23,49
± 0,00	10,00	6,38	1,028	6,55	16,55
+ 0,09	6,69	14,25	1,026	14,60	21,29

Diese Erscheinung würde dem erwarteten Verlauf der Energielinie widersprechen. Denn beim Abfluß durch einen belüfteten Stollen (ebenso wie beim Abfluß unter Schützen) staut sich das mit beliebiger kinetischer Energie ankommende Wasser so hoch auf, daß die notwendige Höhe der Energielinie zum Durchpressen der Wassermenge durch den Stolleneinlauf erreicht wird. Die kinetische Energie des zufließenden Wassers wird dabei zum großen Teil in potentielle Energie verwandelt bzw. die Höhenlage des Wasserspiegels wird der Höhenlage der Energielinie genähert; (vgl. den Anstieg des Wasserspiegels in den Längenschnitten auf Abb. 1 und 20 sowie auf den Lichtbildern Abb. 2, 7, 8, 9, 10). Da nun beim Modell oberhalb des Stollenanfanges ohnedies schon Wasserspiegel und Energielinie nahe beieinander liegen (vgl. Abb. 11, 19, 20) — in der Natur beim Abfluß aus einem großen Staubecken fallen beide sogar zusammen —, so kann die Lage der Energielinie an der Stirnwand des Stollens zunächst näherungsweise in Höhe des Oberwasserspiegels angenommen werden. Es sei also in einem Querschnitt dicht unterhalb des Stolleneinlaufes die Höhenlage der Energielinie

$$H = t' + \alpha_u \cdot k_0$$

gleich der Wassertiefe t vor dem Stolleneinlauf. Da die Abflußmenge, der Stollenquerschnitt, die Wassertiefen t und t' bekannt sind, so können u und k_0 berechnet werden und aus der oben angegebenen Gleichung für H auch der Wert α_u. Auf diese Weise würde a_u für den vorliegenden Fall ($Q = 28$ l/s) zu rund 2,0 gefunden werden, eine nach den oben mitgeteilten Untersuchungen unwahrscheinliche Größe. Es lag daher der Gedanke nahe, daß eine mit kleinerem a_u richtig berechnete Geschwindigkeitshöhe k nicht auf den eingemessenen sichtbaren Wasserspiegel aufgesetzt werden darf,

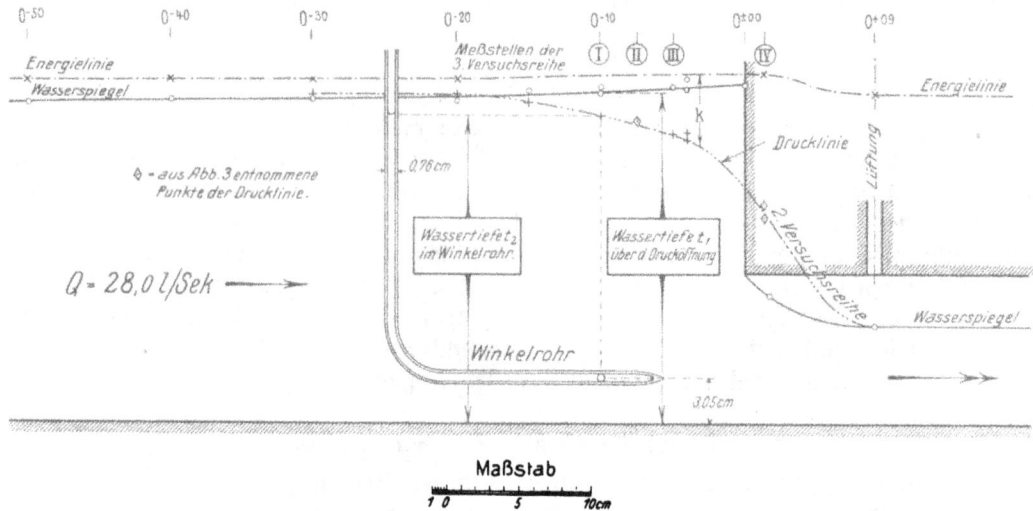

Abb. 20. Höhenlage des Wasserspiegels, des Meniskus im Winkelrohr und der Energielinie an verschiedenen Stellen des Einlaufes zum belüfteten Stollen beim Abfluß von 28 l/s.

daß vielmehr hier noch weitere Kräfte das Übereinstimmen der hydraulischen Drucklinie mit dem freien Wasserspiegel verhinderten. Tatsächlich stieg schon in einem verkehrt, d. h. mit der Strömung eingesetzten Pitotrohr, dessen Spitze 1 cm über der Rinnensohle 1 cm weit in den Stollen hineinragte, die Wassersäule verschieden hoch, aber jedenfalls beträchtlich über den Stollenscheitel empor trotz des relativen Unterdruckes infolge der Ablösungswirbel hinter der Rohröffnung.

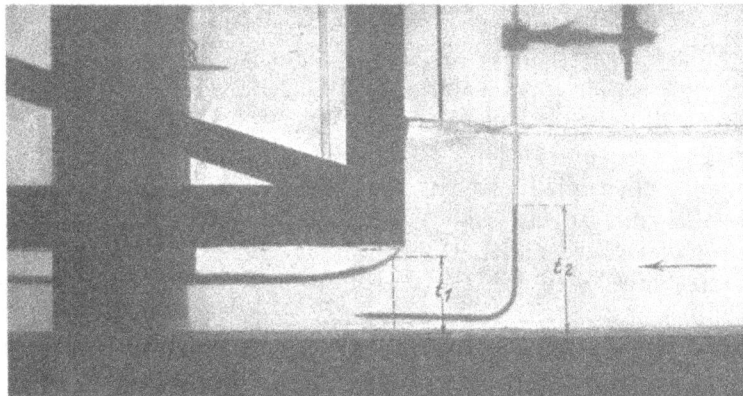

Abb. 21. Stollenmodell IV. Stollendecke belüftet, Abfluß von 28 l/s bei ungestautem Unterwasser. Feststellung der Druckerhöhung im Bereich der gegen die Sohle konvexen Abflußbahnen.

Die Messungen wurden dann mit einem rechtwinklig abgebogenen Winkelrohr mit seitlicher, also vom Geschwindigkeitsstoß unbeeinflußter Öffnung und spitz zugeschmolzenem Ende (vgl. Lichtbild Abb. 21 und Abb. 20) nach drei Richtungen hin durchgeführt. In jedem Falle wurden die Wassertiefe t_1 im lotrechten Schnitt durch die Drucköffnung im Winkelrohr und die Höhenlage t_2 des Meniskus im lotrechten Arm des Winkelrohres über der Rinnensohle gemessen und miteinander verglichen. Dabei lagen beide Arme des Winkelrohres in der lotrechten Mittelebene der Rinne und der wagrechte Arm zeigte stromabwärts.

Bei der ersten Versuchsreihe wurde die Durchflußmenge geändert, während das Winkelrohr fest eingebaut blieb. Seine Drucköffnung lag 13 mm über der Rinnensohle im Querschnitt $+ 0{,}017$. Hierbei war t_1 nicht gleich t_2; die betreffenden Beobachtungen sind auf Abb. 19 zusammengestellt.

Bei der zweiten Versuchsreihe wurde bei der gleichbleibenden Durchflußmenge von 28 l/s das Winkelrohr in der Längsrichtung der Rinne verschoben, wobei die Drucköffnung immer einen lotrechten Abstand von 30,5 mm von der Rinnensohle beibehielt. Die Meßergebnisse dieses »Längenschnittes« sind in Abb. 20 aufgetragen. Der Wert t_2 blieb solange der Wassertiefe t_1 gleich[1]), als die Stromlinien geradlinig und gleichlaufend waren: ein Beweis dafür, daß sich im Winkelrohr die richtige hydrostatische Druckhöhe unbeeinflußt durch den Geschwindigkeitsstoß zeigte. Nur in lotrechten Schnitten, die die Wasserteilchen in Kurvenbahnen durchlaufen, weichen die t_2-Werte von den t_1-Werten wesentlich ab.

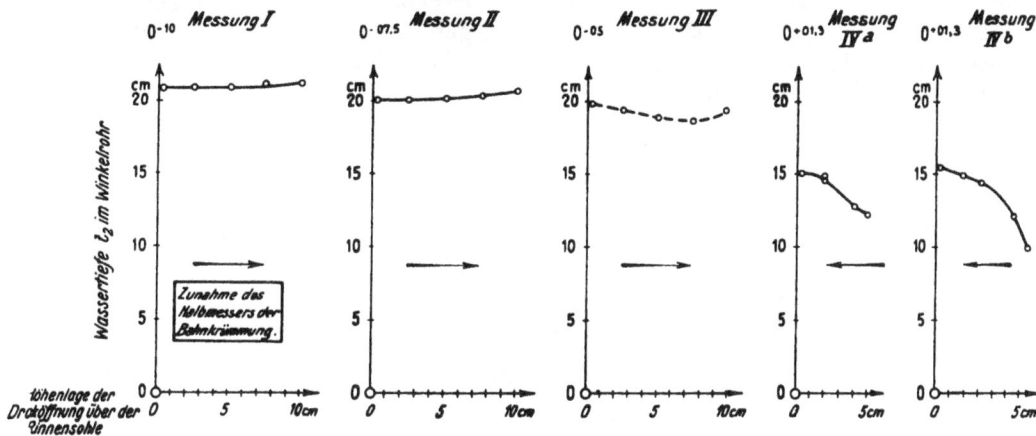

Abb. 22. Zusammenhang zwischen der Wassertiefe t_1 und der Höhenlage der Drucköffnung im Winkelrohr in verschiedenen Querschnitten beim Abfluß von 28 l/s durch den belüfteten Stollen (3. Versuchsreihe).

Bei der dritten Versuchsreihe wurde — wieder bei derselben gleichbleibenden Abflußmenge von 28 l/s — das Winkelrohr mit seiner Drucköffnung in einigen Querschnitten lotrecht verschoben, um festzustellen, ob bei gleichbleibender Wassertiefe t_1 sich je nach der Höhenlage der Drucköffnung über der Rinnensohle das Maß t_2 ändere. Die Beobachtungen ergeben die auf Abb. 22 gezeichneten Kurven.

Stetigkeit der Energielinie am Stolleneinlauf.

Wo nun t_1 und t_2 nicht miteinander übereinstimmen, müssen außer Schwerkraft und Reibungskräften noch weitere Kräfte wirksam sein. Bevor diese näher untersucht werden, sei schon der für die vorliegende Arbeit wichtige Einfluß der Beobachtung, daß der freie Wasserspiegel und die Drucklinie nicht immer zusammenfallen, auf die Höhenlage der Energielinie am Stolleneinlauf festgestellt. Setzt man nämlich die aus der mittleren Geschwindigkeit

---

[1]) Ein kleiner Unterschied zugunsten von t_2 ist wohl auf Kapillarwirkung im Winkelrohr zurückzuführen.

$$u = \frac{\text{Abflußmenge}}{\text{Abflußquerschnitt}}$$

berechnete Geschwindigkeitshöhe k_0 auf die neue, durch die verschiedenen Lagen des Meniskus in den einzelnen Stellungen des Winkelrohres gezeichnete Linie auf, so wird der oben beschriebene Knick der Energielinie ausgeglichen. Die Energielinie zeigt dann einen nahezu stetigen Verlauf (vgl. Abb. 19 und 20). Wie die dritte Beobachtungsreihe zeigt (Abb. 22), ist t_2 bei der gleichen Wassertiefe t_1 je nach der Höhenlage der Drucköffnung über der Rinnensohle veränderlich. Und wie nun die Geschwindigkeitshöhe k nicht aus irgendeiner, in dem betreffenden Schnitt gemessenen Geschwindigkeit v, sondern aus der mittleren Geschwindigkeit u zu berechnen ist, so müßte hier eine mittlere Druckhöhe t_2 bestimmt werden. Unterzieht man sich dieser Mühe und setzt dann auf diese mittleren t_2 die dazugehörigen k auf, so wird man einen völlig stetigen Verlauf der Energielinie erhalten. Ein solcher soll auch weiterhin in der vorliegenden Arbeit vorausgesetzt werden.

Koch, der bei seinen Schützversuchen mit Hilfe der am Rinnenboden angeschlossenen Druckröhrchen den gleichen Verlauf der Drucklinie festgestellt hat, ist bei seinem Versuch 56 ([10], S. 218) umgekehrt vorgegangen, indem er von der als bekannt angenommenen Energielinie (Arbeitslinie) die berechneten Geschwindigkeitshöhen abzieht und so die Drucklinie erhält. Nach den Ergebnissen der dritten Beobachtungsreihe ist es klar, daß die berechnete (= mittlere) Drucklinie nicht mit der Linie des »Bodendruckes« zusammenfallen kann.

Bestätigungen für das Auftreten der Fliehkraftwirkung.

Da die Wasserteilchen den Stolleneinlauf in Kurvenbahnen durchströmen, kann nur die Fliehkraft die Verschiedenheit zwischen den t_1- und den t_2-Werten verursachen.

Abb. 23. Stollenmodell IV. Stollendecke belüftet. Abfluß von 28 l/s bei ungestautem Unterwasser. Festlegen der Abflußbahnen im Stolleneinlauf durch Einleiten von drei gefärbten Wasserstrahlen.

Die Fliehkraftwirkung wird nun durch die auf Abb. 19, 20 und 22 zusammengestellten Beobachtungsergebnisse bestätigt. Denn um die Wasserteilchen zu zwingen, auf den Kurvenbahnen zu bleiben, die auf kurze Strecke annäherungsweise als Kreisbahnen angesehen werden können, müssen Kräfte vorhanden sein, die der Fliehkraft entgegengesetzt wirken. Wo diese Bahnen — oberhalb des Stolleneinlaufes — konkav zur Rinnensohle verlaufen, ist der Atmosphärendruck die Gegenkraft, deren Reaktion durch den beobachteten und durch die Schleuderkraft erzeugten Unterdruck hervorgerufen wird. Wo die Bahnen aber — im Stolleneinlauf — konvex zur Rinnensohle verlaufen, ist die Gegenkraft die Reaktion des durch die Schleuderkraft vermehrten Bodendruckes. Vor dem Stolleneinlauf sinkt die Drucklinie unter den Wasserspiegel; im Stolleneinlauf dagegen bleibt sie über dem Wasserspiegel, bis die Stromlinien wieder geradlinig verlaufen.

Es wurde ferner oben gezeigt, daß von einer bestimmten Abflußmenge an die Form des Ausflußstrahles konstant wird. Damit werden aber die Randstromlinien — der freie Wasserspiegel im Einlauf des belüfteten Stollens und die Stollensohle — konstant und zugleich der Krümmungshalbmesser r an irgendeiner Stelle der Abflußbahnen. Wächst nun die Abflußmenge bei gleichbleibendem wasserführendem Querschnitt, so kann nur die Geschwindigkeit, also bei gekrümmten Abflußbahnen die Winkelgeschwindigkeit ω zunehmen. Das bedeutet aber nach der Gleichung für die Fliehkraft

$$Z = m \cdot r \cdot \omega^2$$

eine Zunahme von Z und der davon abhängigen Größe, der Steighöhe t_2 der Wassersäule im Winkelrohr. Dies erklärt die auf Abb. 19 dargestellte, mit der Abflußmenge wachsende Zunahme von t_2 trotz gleichbleibender Wassertiefe t_1.

Dieselbe Gleichung gibt eine ähnliche Erklärung für die aus den Ergebnissen der 3. Versuchsreihe zusammengestellten Kurven (Abb. 22). Bei dieser Versuchsreihe blieb die Abflußmenge und für gleichbleibenden Abflußquerschnitt auch die Winkelgeschwindigkeit konstant. Dagegen änderte sich bei einer lotrechten Verschiebung des Winkelrohres der Abstand seiner Drucköffnung von dem Krümmungsmittelpunkt, also der Krümmungshalbmesser r. Wie es nun der Fliehkraftgleichung entspricht und in der Abb. 22 angedeutet ist, wächst t_2 im selben Sinne wie r.

Zu irgendwelchen Berechnungen lassen sich diese Erkenntnisse jedoch nicht verwerten, weil die Stromlinien ja nur in sehr grober Annäherung als Kreisbahnen angesehen werden können und keinen gemeinsamen Krümmungsmittelpunkt besitzen.

VI. Der Verlauf der Energielinie.

Im vorangehenden Abschnitt wurde gezeigt, daß die Energielinie auch am Stolleneinlauf stetig und ohne Gegengefälle verläuft. Somit konnte die Energielinie bei den beobachteten Abflußbildern eingezeichnet werden, indem jeweils in einer Reihe von Querschnitten die Geschwindigkeitshöhe

$$k = a_u \cdot \frac{u^2}{2g} = a_u \cdot \frac{1}{2g} \cdot \frac{Q^2}{F^2}$$

berechnet und über dem Wasserspiegel aufgetragen wurde. In der Nähe des Stolleneinlaufes darf dieses Verfahren nur in solchen Querschnitten angewandt werden, durch die die Wasserfäden noch oder wieder geradlinig parallel zur Rinnensohle laufen (parallel hier nicht im Sinne der Parallel- oder Laminarbewegung!). Zwischen diesen Grenzen werden die Energie- und Drucklinien genügend genau als stetig gekrümmte Linien durchgezeichnet[1]). Bei den vorliegenden Beispielen wurde außerdem so vor-

---

[1]) Es ist Zufall, daß die Drucklinie auf Abb. 20 die Stollenstirnfläche in der theoretischen Grenztiefe schneidet. Sonst müßte dieser Schnittpunkt in allen Fällen in Höhe der jeweiligen Grenztiefe liegen. Man denke sich aber z. B. in einem Gerinne eine Wassermenge Q in strömendem Normalabfluß begriffen. Nun werde eine Schütztafel von oben so in diesen Wasserstrom abgesenkt, daß die Schützöffnung

$$h = t_{Gr} = \sqrt[3]{\frac{Q^2}{b^2 \cdot g}}$$

wird. Der Oberwasserspiegel wird dann steigen, die Abflußmenge Q, die Breite des Gerinnes b und damit die Grenztiefe t_{Gr} aber bleiben gleich. Es ist sofort einzusehen, daß die Drucklinie die Stirnfläche des Schützes beträchtlich oberhalb der Schützkante und daher nicht in der Grenztiefe schneidet.

gegangen, daß für Strecken gleicher Abflußart der in einem beliebigen Querschnitt dieser Strecke ermittelte Geschwindigkeitshöhen-Ausgleichwert α_u als auf der ganzen Länge dieser Strecke gültig angenommen wurde. Zwar wird der Wert α_u sich längs eines Wasserlaufes allmählich und nicht an bestimmten Querschnitten plötzlich ändern. Doch ist die Nichtbeachtung dieses Umstandes für die vorliegende Arbeit belanglos, da die Unterschiede zwischen den einzelnen Werten α_u sehr gering sind (s. Tabelle III, S. 13).

Strömendes Wasser.

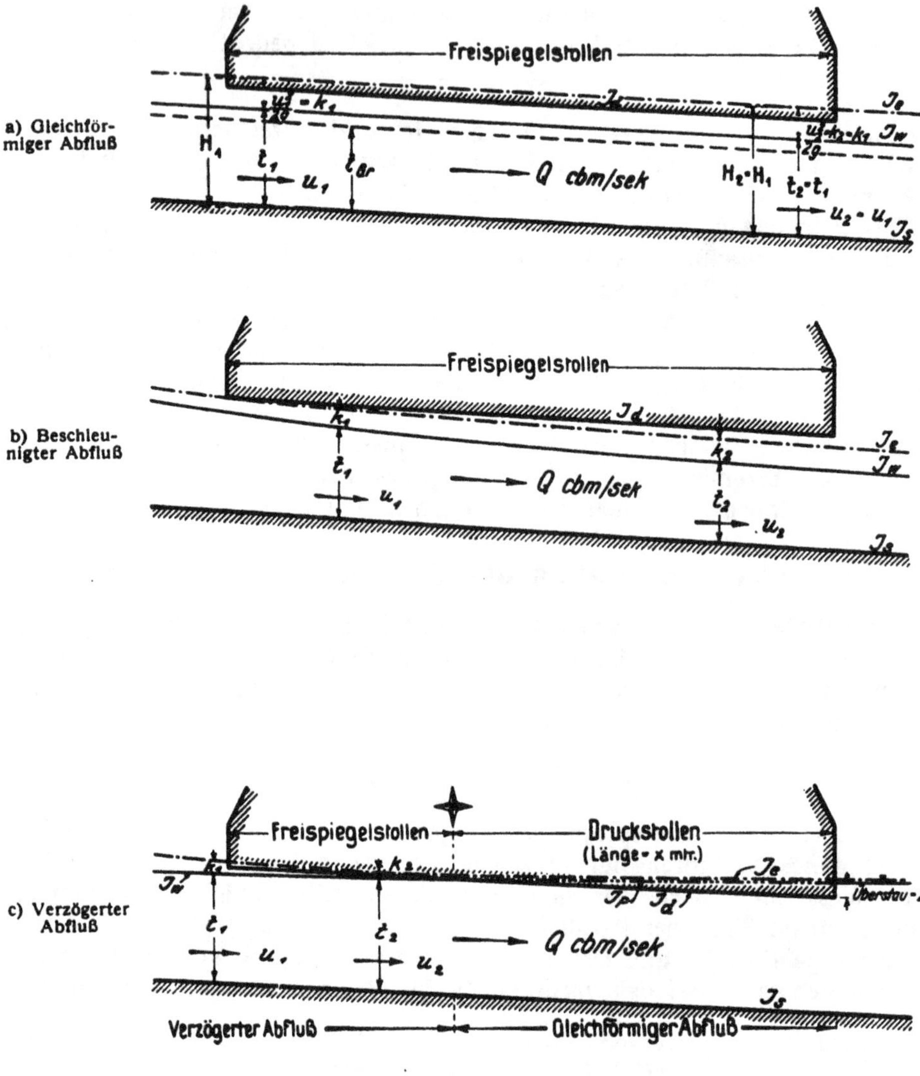

Abb. 24. Die möglichen Arten des stationären Wasserabflusses durch Stollen bei einer Höhenlage des Oberwasser-

Abflußmöglichkeiten durch Stollen.

Die vorangegangenen Betrachtungen sollten die Unterlagen für eine bessere Kenntnis vom Verlaufe der Energielinie liefern. Das Ergebnis soll im folgenden Abschnitt bei der Ermittelung der Höhenlage des Wasserspiegels und der Größe des Innendruckes auf die Stollendecke bei den verschiedenen Fällen des stationären Abflusses verwertet werden. Denn in den nachstehenden Überlegungen und Berechnungen soll — in enger Anlehnung an die Bößsche Dissertation: Berechnung der

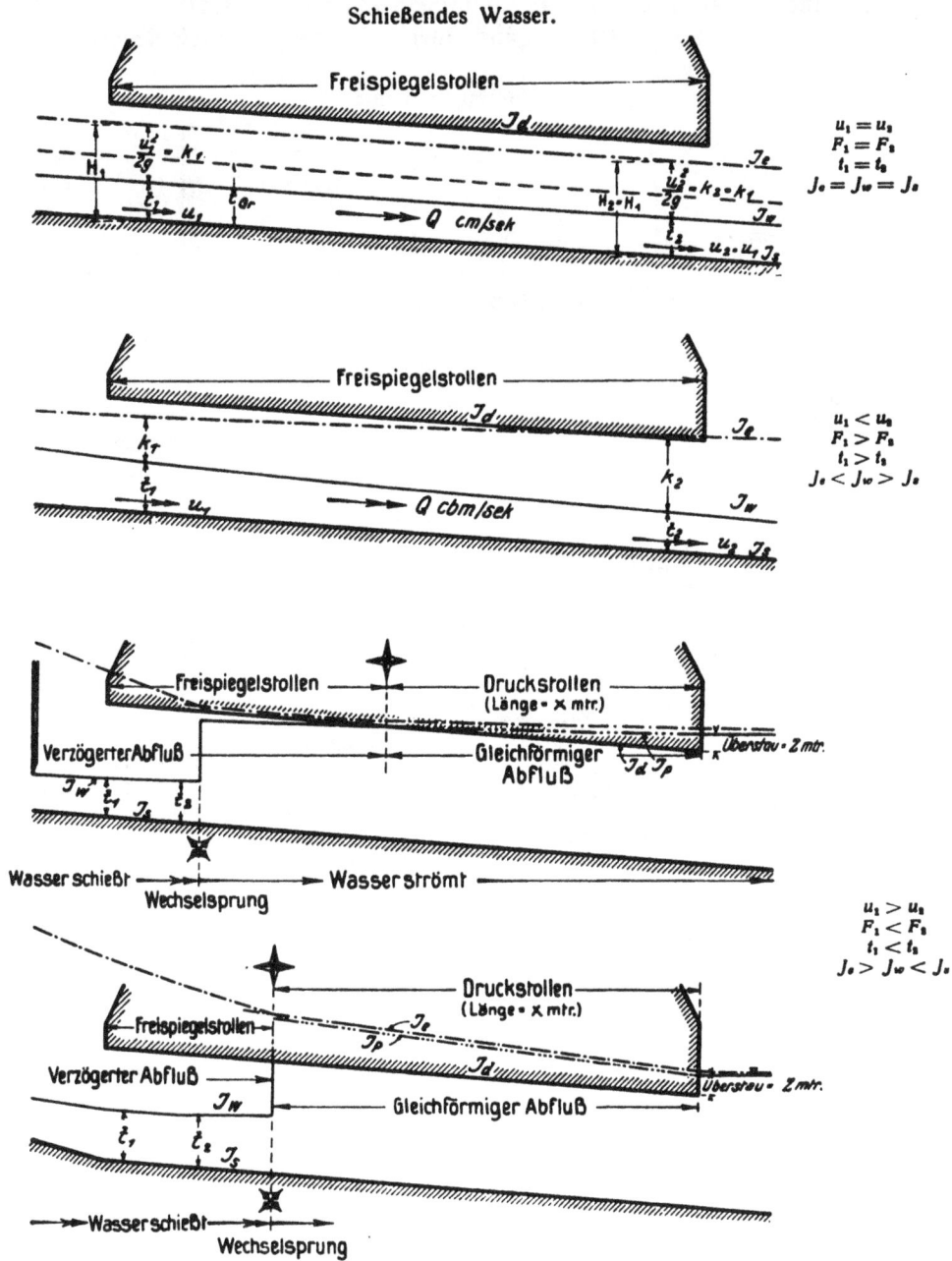

spiegels **unter** dem Stollenscheitel am Einlauf (Abfluß I). $Q =$ const. $J_d = J_s =$ const. $b =$ const. $t =$ const.

34

Wasserspiegellage beim Wechsel des Fließzustandes — eben aus dem Verlaufe der Energielinie die Lage des Wasserspiegels bzw. der Drucklinie ermittelt werden.

Der stationäre Wasserabfluß erfolgt im allgemeinen:

I. bei einer Höhenlage des Oberwasserspiegels unter dem Stollenscheitel am Einlauf im Freispiegelstollen (Abfluß I); vgl. Abb. 24.

II. bei einer Höhenlage des Oberwasserspiegels über dem Stollenscheitel am Einlauf (vgl. Abb. 25, 26 und 27):

    a) bei unbelüfteter Stollendecke: im Druckstollen (Abfluß II),

    b) bei belüfteter Stollendecke: ganz oder teilweise im Freispiegelstollen (Abfluß III).

Gleichförmiger Abfluß.

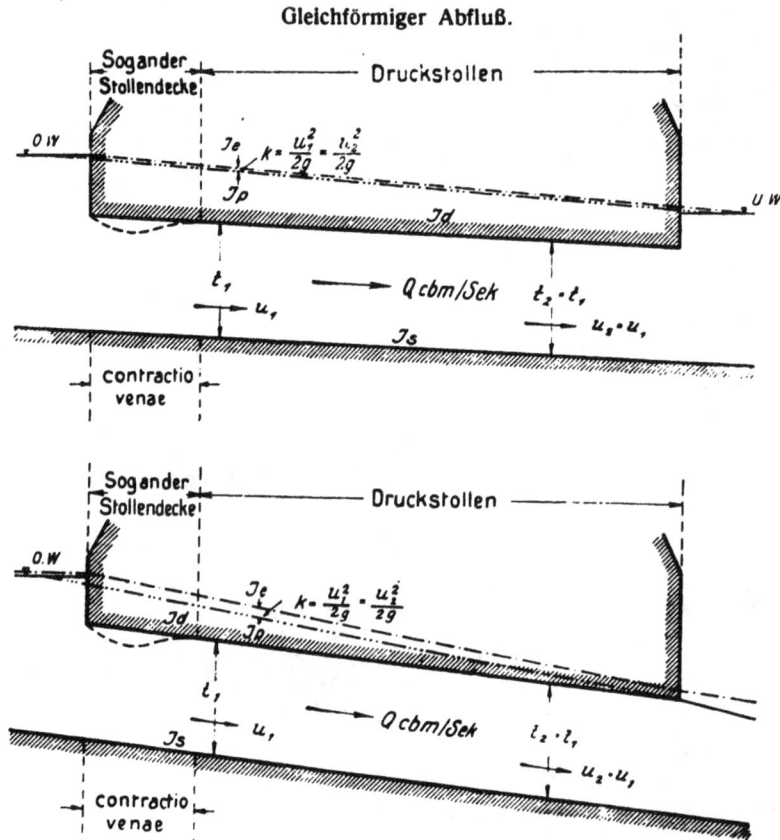

Abb. 25. Die möglichen Arten des stationären Wasserabflusses durch Stollen bei einer Höhenlage des Oberwasserspiegels über dem Stollenscheitel am Einlauf (Abfluß II). Stollendecke unbelüftet.

Diese Möglichkeiten sollen — wie schon erwähnt — nur für den stationären Abfluß näher untersucht werden, d. h. bei einem Abfluß, bei dem sich an einer bestimmten Stelle die Geschwindigkeit mit der Zeit nicht ändert, bei dem demnach

$$\frac{\partial u}{\partial t} = 0$$

ist. Damit ist zugleich gesagt, daß die sekundliche Abflußmenge Q weder eine Funktion der Abflußzeit noch der Länge des betrachteten ungeteilten oder gespaltenen Wasserlaufes sein darf, sondern eben für Zeit und Weg gleich groß bleibt.

Die Betrachtung soll ferner beschränkt werden auf stetige Stollen, d. h. auf Stollen, die durchweg gleiche Breite und gleiche Rauhigkeit besitzen und bei denen weder die Sohle noch die Achse im Längenschnitt einen Gefällsbruch aufweisen, Be-

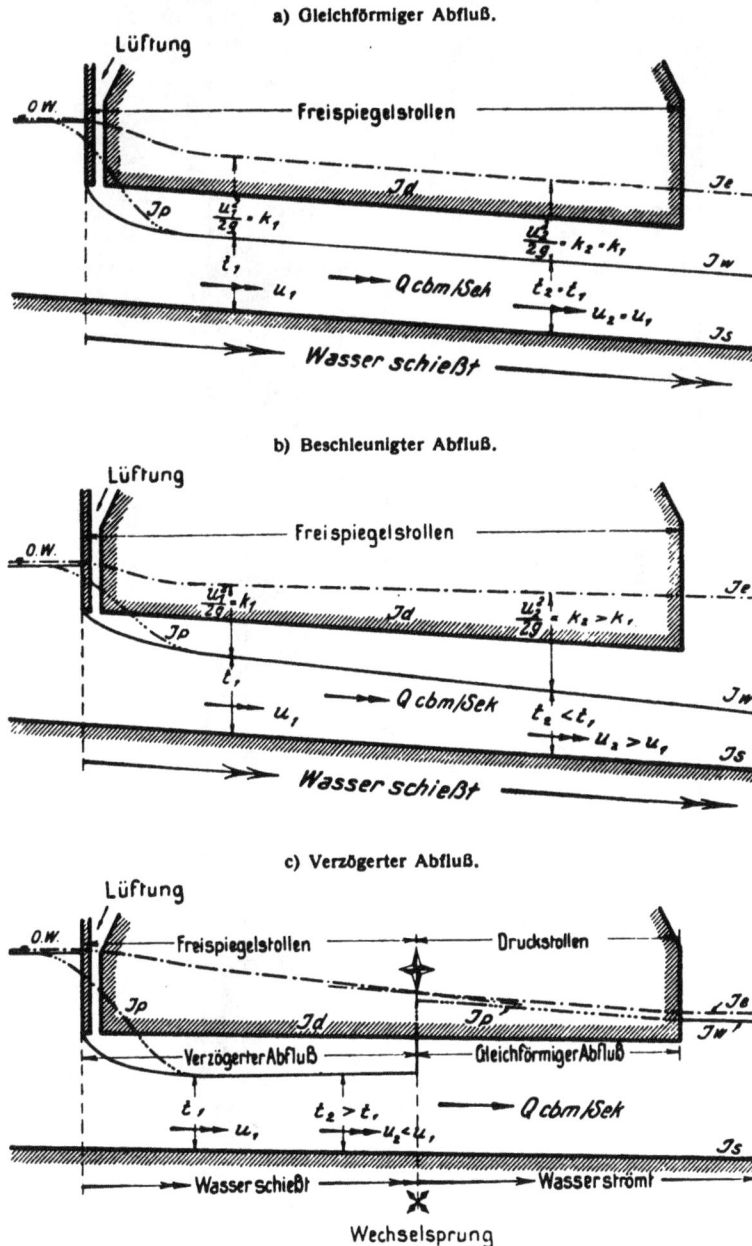

Abb. 26. Die möglichen Arten des stationären Wasserabflusses durch Stollen bei einer Höhenlage des Oberwasserspiegels ü b e r dem Stollenscheitel am Einlauf (Abfluß III). Stollendecke belüftet.

dingungen, die wohl für die meisten ausgeführten Stollen zutreffen. Treten Änderungen in der Rauhigkeit oder im Gefälle doch auf, so wird sich ihre Einwirkung auf den Wasserabfluß bzw. auf die Höhenlage der Drucklinie oder des Wasserspiegels an Hand

36

Abb. 27. Längsschnitt durch die Achse des Stollenmodelles IV beim Abfluß von 28 l/s.

der folgenden Überlegungen unschwer berechnen lassen. Nicht berücksichtigt sind auch seitliche Richtungsänderungen der Stollenachse, also Krümmungen oder Knicke im Lageplan. Sie werden bei den im Stollen üblichen kleinsten Halbmessern und größten mittleren Geschwindigkeiten[1]) sich nur in den einzelnen Querschnitten in der durch die Wirkung der Fliehkraft hervorgerufenen Verschiebung der Isotachen und damit in einer vernachlässigbaren Änderung des Geschwindigkeitshöhen-Ausgleichwertes a_u bemerkbar machen. Nur in Bögen, die im Vergleich zur mittleren Abflußgeschwindigkeit scharf zu nennen sind, werden die Wasserteilchen sich von der auf der Seite des Krümmungsmittelpunktes gelegenen Innenwand in Wirbeln und Walzen ablösen. Diese verursachen dann Energieverluste, deren Größe aber bisher nur für einzelne Fälle in ausführlichen Versuchsreihen (z. B. für Rohrknie und Rohrkrümmer durch Weißbach, für Brückenstau durch Rehbock) ermittelt sind.

Beim Abfluß I (Höhenlage des Oberwasserspiegels unter dem Stollenscheitel am Einlauf, Abb. 24) können selbstverständlich wie in anderen offenen Gerinnen die sechs Bewegungsarten auftreten:

stationär gleichförmig ⎫
stationär beschleunigt ⎬ jeweils bei strömendem und schießendem Wasser.
stationär verzögert ⎭

Es ist wohl zweckmäßig, auch hier zu wiederholen, daß die Bewegung »gleichförmig« genannt wird, wenn in stromabwärts aufeinander folgenden Querschnitten die mittleren Geschwindigkeiten einander gleich sind:

$$u_1 = u_2{}^2).$$

Dagegen nehmen bei der »beschleunigten« Bewegung die mittleren Geschwindigkeiten stromabwärts zu:
$$u_1 < u_2.$$

Bei der »verzögerten« Bewegung aber nehmen die mittleren Geschwindigkeiten ab:
$$u_1 > u_2.$$

Die daraus abgeleiteten Beziehungen zwischen den wasserführenden Querschnitten F_1 und F_2, zwischen den Wassertiefen t_1 und t_2 und schließlich zwischen den Gefällen der Energielinie J_e, des Wasserspiegels J_w und der Stollensohle J_s sind auf Abb. 24 zusammengestellt.

Die stationär gleichförmige Bewegung wird zweckmäßig »Normalabfluß« genannt.

Der gleichförmige und der beschleunigte Abfluß sind nun ohne weiteres der in der erwähnten Bößschen Abhandlung niedergelegten Berechnungsweise zugänglich. Da nämlich gleiche Rauhigkeit und gleiches Gefälle vorausgesetzt wurden, kann die gleichförmige Bewegung sich überhaupt nicht, die beschleunigte sich nur im Unendlichen in die gleichförmige ändern. Solange nun im Stollen das Gefälle der Decke J_d gleich dem der Sohle J_s ist, wird bei diesen beiden Abflußarten der Wasserspiegel ein größeres oder das geiche Gefälle wie die Stollendecke haben, diese also niemals benetzen. Dagegen muß der verzögerte Abfluß sowohl beim Strömen wie beim Schießen hier näher betrachtet werden, weil der Wasserspiegel bei entsprechender Stollenlänge und gleichen Gefällen J_d und J_s die Stollendecke erreichen kann, wobei der Stollen, der am Einlauf zunächst Freispiegelstollen ist, in seinem weiteren Verlauf zum Druckstollen wird.

---

[1]) Z. B. Murgstollen: $r_{min} \sim 60$ m, $u_{max} = 2{,}35$ m/s; Grundablaßstollen Mühleberg: $r_{min} = 100$ m, u_{max} allerdings ~ 15 m/s.

[2]) Die Indices sind nicht wie in der Bößschen Abhandlung nach dem Fortschreiten der Berechnung, sondern nach den flußabwärts aufeinanderfolgenden Querschnitten gewählt.

Die Lösung der Aufgabe für einen bestimmten größten Durchfluß Querschnitt und Gefälle eines Stollens so zu berechnen, daß der Stollen auf seiner ganzen Länge Freispiegelstollen bleibt, d. h. sich Normalabfluß einstellt, ist von Meyer-Peter in seinem Aufsatz: Neuere Berechnungsmethoden aus dem Gebiete der Hydraulik [14] gegeben. Hier dagegen handelt es sich darum, für einen bestehenden Stollen, den abwechselnd verschiedene Wassermengen durchfließen, den jeweiligen Verlauf der Energielinie, des Wasserspiegels und — in den vollaufenden Strecken — der Drucklinie zu berechnen. Da beim verzögerten Abfluß zum ersten Male der vollaufende Stollen auftreten kann, sollen zunächst einmal einige allgemeine Erwägungen angestellt werden über den Verlauf der Energie- und der Drucklinie im Druckstollen.

Möglicher Verlauf der Energie- und Drucklinie im Druckstollen.

Es wurde oben auf die Beziehungen hingewiesen, die im Freispiegelgerinne zwischen dem Gefälle der Energielinie, des Wasserspiegels und der Rinnensohle bestehen bei den drei Bewegungsarten:

stationär gleichförmig,

stationär beschleunigt,

stationär verzögert.

Im Druckstollen tritt an Stelle des Wasserspiegels die Drucklinie; die Energielinie liegt also um das Maß der Geschwindigkeitshöhe über der Drucklinie. Bei dem stationär gleichförmigen Abfluß ist zu beachten, daß beim stetigen Stollen Energielinie und Drucklinie zwar zueinander gleichlaufend sein müssen, nicht aber auch zur Stollenachse. Es ist vielmehr Zufall, wenn alle drei Linien parallel sind. Denn beim stationär gleichförmigen Abfluß sind sowohl die Abflußmenge Q wie die mittlere Abflußgeschwindigkeit u in allen Querschnitten gleich, was nur sein kann, wenn auch alle wasserführenden Querschnitte F untereinander gleich sind. Das ist aber im stetigen Druckstollen der Fall, auch wenn die Drucklinie und damit die Energielinie einen beliebigen Winkel mit der Stollenachse bilden. Es kann daher im Stollen die verzögerte in die gleichförmige Bewegung übergehen (Freispiegelstollen am Einlauf, Druckstollen am Auslauf, vgl. Abb. 24), obwohl weder das Sohlengefälle noch der lichte Querschnitt noch die Wandrauhigkeit des Stollens sich ändern. Praktisch wird also in einem Druckstollen überhaupt nur eine Bewegungsart auftreten: der stationär gleichförmige Abfluß. Denn da Q gleich groß bleibt, wäre die stationär beschleunigte Bewegung (mit gegen den Auslauf hin zunehmendem u) nur möglich, wenn der Stollenquerschnitt gegen den Auslauf abnimmt, und umgekehrt die stationär verzögerte Bewegung, wenn der Stollenquerschnitt gegen den Auslauf zunimmt.

Nach diesen allgemein für Druckstollen und Druckrohre gültigen Feststellungen lautet die Aufgabe nun wieder, in einem gegebenen Stollen die Wasserspiegellage für den Abfluß einer bestimmten Wassermenge zu berechnen, wenn die Höhenlagen des Ober- und Unterwasserspiegels erkennen lassen, daß der Stollen am Einlauf Freispiegelstollen, am Auslauf Druckstollen sein muß. Das kann im stetigen Stollen eintreten beim stationär verzögerten Abfluß, wie oben angegeben worden ist. Es kann aber auch in Form oder Betrieb des Auslaufbauwerkes — z. B. Wasserschloß — begründet sein, daß der Stollen gegen den Auslauf hin unter Druck kommt, während er am Einlauf Freispiegelstollen ist. Diese Ursache ist den nachfolgenden, auf den Abb. 28, 29 und 30 dargestellten Beispielen zugrunde gelegt worden. Dabei wird sich zeigen, daß auch der stetige Stollen, den die angenommene Wassermenge in gleichförmigem oder beschleunigtem Abfluß, also mit freiem Spiegel durchfließen würde, teilweise zum Druckstollen werden kann, wenn durch solche Rückstauwirkungen beim Fließzustand des Strömens der Abfluß verzögert oder bei schießendem Abfluß ein Wechsel des Fließzustandes hervorgerufen wird. Ehe die Beispiele jedoch im einzelnen besprochen werden, muß noch auf die benutzte Geschwindigkeitsformel eingegangen werden.

Die Geschwindigkeitsformel und der Rauhigkeitsbeiwert.

Die vorliegende Arbeit befaßt sich sowohl mit Röhren (Druckstollen) als auch mit Gräben (Freispiegelstollen). Die bisher gebräuchliche Chezysche Beziehung

$$u = c \sqrt{R \cdot J}$$

mit dem Wert c nach Ganguillet und Kutter war nur für einen auf offene Flußläufe beschränkten Geltungsbereich aufgestellt. Seit aber von Beyerhaus die Messungen von Humphrey und Abbot am Mississippi als falsch erkannt worden sind, war der Wert c, den Ganguillet und Kutter in erster Linie auf diesen Mississippimessungen aufgebaut hatten, nicht mehr verwendbar (vgl. Meyer-Peter [14]). Aus den zahlreichen Formeln, die für die Beziehung zwischen der mittleren Geschwindigkeit, der Rauhigkeit, dem hydraulischen Radius und dem Gefälle der Energielinie aufgestellt sind — Dr. Strickler zählt in seiner Abhandlung »Beiträge zur Frage der Geschwindigkeitsformel und der Rauhigkeitszahlen für Ströme, Kanäle und geschlossene Leitungen« [25] allein 34 solcher Formeln auf —, wurde die zweite Gaucklersche ausgewählt und im folgenden den Berechnungen dieses Abschnittes zugrunde gelegt. Die Formel lautet:

$$u = k \cdot R^{2/3} \cdot J^{1/2}.$$

Eine Reihe von Forschern stellten Formeln auf, die dieser sehr ähnlich sind und dadurch ihre Richtigkeit zu beweisen scheinen:

Hagen:
$$u = 43{,}7 \cdot R^{2/3} \cdot J^{1/2}$$

(für große, regelmäßige Kanäle; Strickler fand für mittleren Kies einen Wert $k = 45$ in der zweiten Gaucklerschen Formel),

Manning:
$$u = \frac{1}{n} \cdot R^{2/3} \cdot J^{1/2},$$

Forchheimer:
$$u = k \cdot R^{0{,}7} \cdot J^{0{,}5},$$

Beyerhaus:
$$u = k \cdot R^{0{,}7} \cdot J^{0{,}46}.$$

Vor allem aber zeigt Strickler in der erwähnten Arbeit, daß »innerhalb der im Wasserbau vorkommenden Bereiche der Dimensionen, Rauhigkeiten und Geschwindigkeiten die zweite Gaucklersche Formel als allgemein gültige Gleichung für die mittlere Strömungsgeschwindigkeit bei gleichförmiger Bewegung[1]) in Flüssen, Kanälen und geschlossenen Leitungen betrachtet werden kann«. Hierauf kommt es aber für die Anwendung in der vorliegenden Arbeit gerade an.

Erstes Beispiel (Abb. 28).

Allgemein sei daran erinnert, daß in dem nach Voraussetzung stetigen Stollen sich stationär gleichförmiger Abfluß einstellt, sobald er vollläuft. Damit werden aber die Energielinie und die Drucklinie über der vollaufenden Strecke zu Geraden, deren Verlauf berechnet werden kann, sobald ein Punkt bekannt ist. Ob dies ein Anfangs- oder ein Endpunkt ist, ist dabei belanglos. Da nun Beispiele gebracht werden

---

[1]) Es ist hier wohl von »gleichförmiger Bewegung« nicht im streng theoretischen Sinne die Rede, wie aus der Anwendbarkeit der Formel auf Flüsse hervorgeht. Denn in den Flüssen mit ihren Sandbänken und Kolken, nicht gleichlaufenden Ufern und künstlichen Einbauten wird sich nur angenähert gleichförmige stationäre Bewegung finden.

Abb. 28. Beispiel für den stationären Wasserabfluß durch Stollen bei einer Höhenlage des Wasserspiegels unter dem Stollenscheitel am Einlauf. Berechnung der Wasserspiegellage bei bekannter Abflußmenge Q, Stollenquerschnitt F_{St}, Wandrauhigkeit t, Sohlengefälle J_s, Höhenlage des Unterwasserspiegels.

Der hydraulische Radius des Kreisquerschnittes dargestellt durch den Halbmesser bei den verschiedenen Füllhöhen.

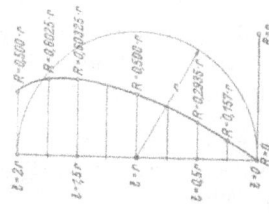

Wasserführender Querschnitt und mittlere Geschwindigkeit bei zunehmender Füllhöhe u. gleicher Abflußmenge.

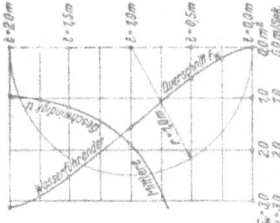

Schnitt a—b durch den Stollen:

Querschnitt	Abstand l in m	Höhenlage der Sohle in m	Höhenlage des W.Sp. in m	Angen. absolut. Gefälle des W.Sp. h' in m	Wassertiefe t in m	Querschnittsfläche F_w in m³	Mittl. Querschnittsfläche F_m in m³	Benetzter Umfang p in m	Mittl. benetzt. Umfang p_m in m	Mittl. hydraul. Radius R_m in m	Rauhigkeits-Beiwert t (Gauckler)	Relatives Gefälle der Energielinie $J_a = \frac{u^2}{t^2 \cdot R^{4/3}}$	Absolut. Gefälle der E.-Linie $h_r = J_a \cdot l$ in m	Geschw. Höhe $k = \frac{u^2}{2g}$ in m	Geschw. Gefälle h_g in m	Berechn. absl. W.Sp. Gefälle $h = h_r \div h_g$ in m	Höhe der E.-Linie über Sohle $H = t + k$ in m
1	2	3	4	5	6	7	8	9	10	11	12	13	14	15	16	17	18
1396,06	103,94	1,396	3,396	+ 0,026	2,000	3,14 (= F_{St})	3,11	6,28	5,900	0,5275	90	0,0002695	0,028	0,046	— 0,002	+ 0,026	2,046
1500,00	100,00	1,500	3,422	+ 0,023	1,922	3,08	3,05	5,52	5,335	0,5725	90	0,0002513	0,025	0,048	— 0,002	+ 0,023	1,970
1600,00	100,00	1,600	3,445	+ 0,021	1,845	3,02	2,97	5,15	5,010	0,5925	90	0,0002531	0,025	0,050	— 0,004	+ 0,021	1,895
1700,00	100,00	1,700	3,466	+ 0,022	1,766	2,92	2,87	4,87	4,750	0,6050	90	0,0002636	0,026	0,054	— 0,004	+ 0,022	1,820
1800,00	100,00	1,800	3,488	+ 0,024	1,688	2,82	2,77	4,63	4,530	0,6120	90	0,0002787	0,028	0,058	— 0,004	+ 0,024	1,746
1900,00	100,00	1,900	3,512	+ 0,023	1,612	2,72	2,65	4,43	4,325	0,6130	90	0,0003038	0,030	0,062	— 0,007	+ 0,023	1,674
2000,00	100,00	2,000	3,535		1,535	2,58		4,22						0,069			1,604

$x \cdot tg\,\alpha = z + x \cdot tg\,\beta =$

$x = \frac{z}{tg\,\alpha - tg\,\beta} = \frac{z}{J_s - J_a}$

sollen, bei denen der Stollen gegen den Auslauf hin zum Druckstollen wird infolge Rückstaues vom Unterwasser her, so muß die Höhenlage des Unterwasserspiegels am Stollenauslauf bekannt oder zu berechnen sein. Daher wird zweckmäßig der Stollenauslauf als diejenige Stelle festgelegt, von der aus die Berechnung der Drucklinien- bzw. Wasserspiegellage ihren Ausgang nehmen muß.

Als gegeben sind vorausgesetzt: die Abflußmenge sowie die Form des Stollens (Gefälle, Querschnitt, Rauhigkeit), des Einlauf- und des Auslaufbauwerkes.

Im ersten Beispiel wurde eine Abflußmenge von 3,0 cbm/s, eine Stollenlänge von 2000 m, ein Gefälle der Stollensohle von 1:1000, ein kreisförmiger Querschnitt von 2,0 m Durchmesser und eine Wandrauhigkeit entsprechend derjenigen von geglättetem Beton angenommen. Durch die Form des Auslaufbauwerkes ergebe sich eine Höhenlage des U.W.-Spiegels von $z = 1,0$ m über Rohrscheitel am Auslauf. Aus der Gleichung

$$u = \frac{Q}{F} = 0,955 \text{ m/s}$$

wird die Geschwindigkeitshöhe berechnet zu

$$k = 0,0464 \text{ m.}$$

Der Geschwindigkeitshöhen-Ausgleichwert a_u für Kreisprofile ist bisher nicht ermittelt worden. Es erschien daher richtiger, beim vorliegenden Beispiel ihn ganz wegzulassen, statt ihn mehr oder weniger ungenau zu schätzen. Die Energielinie liegt also am Stollenauslauf:

$$2,0 \text{ m} + 1,0 \text{ m} + 0,0464 \text{ m} = 3,0464 \text{ m}$$

über der Stollensohle. Solange nun der Stollen volläuft, ist der Mittelwert der einzelnen Zahlengrößen u, R, J_e in zwei benachbarten Querschnitten gleich ihrem Wert selbst:

$$u_1 = u_2 = u_m = 0,955 \text{ m/s,}$$
$$R_1 = R_2 = R_m = 0,50 \text{ m.}$$

Der Rauhigkeitsbeiwert $\mathfrak{k}$ für geglätteten Beton ist nach Strickler $= 90$. Somit ergeben sich das Gefälle der Energielinie J_e und das Gefälle der Drucklinie J_p zu:

$$J_e = J_p = \frac{u_m^2}{\mathfrak{k}^2 \cdot R_m^{4/3}} = 0,0002837.$$

Damit kann die Länge x des vollaufenden Teiles des Stollens berechnet werden. Bezeichnet man nämlich den Winkel zwischen der Stollenachse bzw. der Scheitellinie und der Wagerechten mit α und den Winkel zwischen der Energie- bzw. der Drucklinie und der Wagerechten mit β, so sind:

$$\text{tg } \alpha = J_d = 0,001$$
$$\text{tg } \beta = J_p = 0,0002837.$$

Und da die Drucklinie am Stollenauslauf um das Maß $z = 1,0$ m über dem Stollenscheitel liegt, so gilt die Gleichung:

$$x \cdot \text{tg } \alpha = z + x \cdot \text{tg } \beta,$$

woraus $x = 1396,06$ gefunden wird.

Von hier an aufwärts bis zum Einlauf ist der Stollen im vorliegenden Beispiel noch Freispiegelstollen; die Berechnung der Wasserspiegellage kann also weiterhin in bekannter Weise erfolgen. Bei Benutzung der zweiten Gaucklerschen Formel erhält man als Gleichung für das absolute Wasserspiegelgefälle:

$$h = \frac{u_2^2 - u_1^2}{2\,\text{g}} + \frac{Q^2 \cdot p_m^{4/3} \cdot l}{F_m^{10/3} \cdot \mathfrak{k}^2}.$$

Das zweite Glied der Summe stellt aber auch hier den Wert $J_e \cdot l$ dar. Die Berechnung von J_e aus der zweiten Gaucklerschen Gleichung ist aber einfacher als aus der Chezyschen, bei der J_e außer unter der Wurzel noch in dem Ganguillet-Kutterschen Wert c vorkam. Auch vom rechnerischen Standpunkt aus ist daher die Einführung der Stricklerschen Untersuchungsergebnisse in die bisher gebräuchliche Formel zur Bestimmung des absoluten Wasserspiegelgefälles eine Verbesserung. Zur Vereinfachung der Berechnung wurden für die mit t veränderlichen Werte R, F und u die auf Abb. 28 dargestellten Kurven aufgetragen, aus denen für jeden beliebigen Wert t die zugehörigen Werte R, F und u abgegriffen werden konnten.

Der Grenzfüllwinkel des Kreisquerschnittes.

Die Berechnung ergibt am Stolleneinlauf noch eine Wassertiefe von 1,54 m, d. h. der Stollen ist noch über die Hälfte gefüllt. Die Untersuchung, ob strömender oder schießender Abfluß in dem Freispiegelstück des vorliegenden Stollenbeispiels vorhanden ist, wird für Kreisprofile nach dem Vorgehen von Meyer-Peter [14] so durchgeführt, daß nicht die »theoretische Grenzströmungstiefe«, sondern der »kritische« oder »Grenzfüllwinkel« berechnet wird:

$$\frac{\left(\dfrac{\Phi_k \cdot \pi}{180^0} \sin \Phi_k\right)^3}{\sin \dfrac{\Phi_k}{2}} = \frac{512 \cdot Q^2}{g \cdot d^5}.$$

Im vorliegenden Falle wird für $Q = 3{,}0$ cbm/s und $d = 2{,}0$ m die rechte Seite dieser Gleichung $= 14{,}68$. Daraus berechnet sich Φ_k zu $159^0\ 30'$, d. h. der Grenzfüllwinkel ist kleiner als der Füll- oder Zentriwinkel des halbgefüllten Stollens oder des Halbkreises. Da aber oben angegeben wurde, daß der wasserführende Querschnitt am Einlauf größer als die halbe Stollenfläche ist — da t größer als r —, so herrscht im ganzen Stollen strömender Abfluß.

Im eben berechneten Beispiel war angenommen worden, daß bei geschlossenem Druckrohr und entsprechender Höhenlage des Überlaufes, also durch Stau der Wasserspiegel im Wasserschloß auf die Höhenlage 1,0 m über Stollenscheitel ansteige. Bestände Auslauf ohne Rückstau, so würde bei der gewählten Wandrauhigkeit im Stollen sich Normalabfluß mit einer Wassertiefe von 1,037 m, also strömender Abfluß einstellen, wie durch eine Proberechnung mit Hilfe der Gleichung

$$J_e = \frac{u^2}{t^2 \cdot R^{4/3}} = \frac{\left(\dfrac{Q}{F}\right)^2}{t^2 \cdot \left(\dfrac{F}{p}\right)^{4/3}}$$

gefunden wird: mit den gegebenen Werten Q und t werden für verschiedene F und zugehörige p die Gefälle J_e gerechnet und dann — etwa mit Hilfe einer graphischen Auftragung zwischen F und J_e — derjenige wasserführende Querschnitt F bestimmt, für den

$$J_e = J_s$$

ist; aus dem so gefundenen F ergibt sich die zugehörige Wassertiefe t für Normalabfluß.

Zweites Beispiel (Abb. 29).

Nun besteht auch die Möglichkeit, daß ein Stollen am Einlauf Freispiegelstollen mit schießendem Abfluß ist und wieder infolge der Höhenlage des Unterwasserspiegels am Auslauf zum Druckstollen wird. In diesem Falle — am Einlauf schießendes

Abb. 29. **Beispiel für den stationären Wasserabfluß durch Stollen bei einer Höhenlage des Oberwasserspiegels unter dem Stollenscheitel am Einlauf.** Berechnung der Wasserspiegellage bei bekannter Abflußmenge Q, Stollenquerschnitt F_{St}, Wandrauhigkeit t, Sohlengefälle J_s, Höhenlage des Oberwasserspiegels.

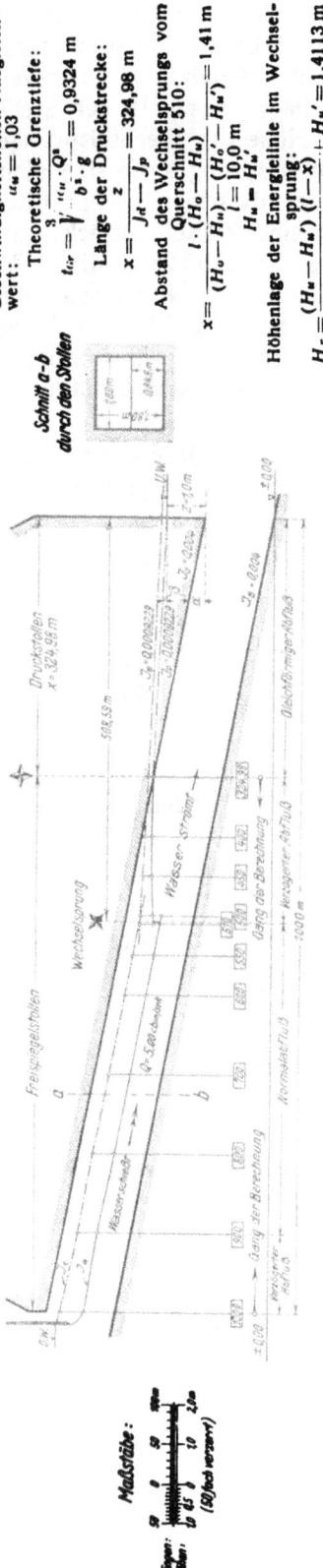

Geschwindigkeitshöhen-Ausgleichwert: $\alpha_w = 1,03$

Theoretische Grenztiefe:
$$t_{Gr} = \sqrt[3]{\frac{\alpha_w \cdot Q^2}{b^2 \cdot g}} = 0,9324 \text{ m}$$

Länge der Druckstrecke:
$$x = \frac{z}{J_d - J_p} = 324,98 \text{ m}$$

Abstand des Wechselsprungs vom Querschnitt 510:
$$x = \frac{l \cdot (H_o - H_u) - (H_o' - H_w')}{H_w - H_w'} = 1,41 \text{ m}$$
$$= 10,0 \text{ m} \qquad H_w = H_u'$$

Höhenlage der Energielinie im Wechselsprung:
$$H_J = (H_w - H_w')\frac{(l-x)}{l} + H_w' = 1,4113 \text{ m}$$

Schnitt a-b durch den Stollen

Maßstäbe:

Querschnitt (1)	Abstand l in m (2)	Höhenlage der Sohle (3)	Höhenlage des W.Sp. (4)	Angen. absolut. Gefälle des W.Sp. h' in m (5)	Wassertiefe t in m (6)	Querschnittsfläche F_w in m² (7)	Mittl. Querschnittsfläche F_m in m² (8)	Benetzter Umfang P in m (9)	Mittl. benetzt. Umfang P_m in m (10)	Mittl. hydraul. Radius R_m in m (11)	Rauhigkeits-Beiwert t (Gauckler) (12)	Relatives Gefälle der Energielinie $J_e=\frac{u^2}{t^2\cdot R^{4/3}}$ (13)	Absolut. Gefälle der E.-Linie $h_r=J_e\cdot l$ in m (14)	Geschw. Höhe $k=\alpha_w\frac{u^2}{2g}$ in m (15)	Geschw. Gefälle h_g in m (16)	Berechn. absol. W.Sp. Gefälle $h=h_r+h_g$ in m (17)	Höhe der E.-Linie über Sohle $H=t+k$ in m (18)
Berechnung der Wasserspiegellage vom Anfang der Druckstrecke an flußaufwärts (strömender Abfluß)																	
324,98	75,02	1,300	3,100		1,800	3,2400 (= F_{St})	2,98305	7,200	6,0105	0,49631	90	0,000 8827	0,06622	0,1250			1,9250
400,00	50,00	1,600	3,1145	+ 0,0145	1,5145	2,7261	2,53935	4,829	4,6215	0,54945	90	0,001 0636	0,05318	0,1766	− 0,0516	+ 0,01462	1,6911
450,00	50,00	1,800	3,107	− 0,0075	1,307	2,3526	2,1447	4,414	4,183	0,51276	90	0,001 6352	0,08176	0,2371	− 0,0605	− 0,00732	1,5441
500,00	50,00	2,000	3,076	− 0,0310	1,076	1,9368	1,8846	3,952	3,894	0,48397	90	0,002 287	0,02287	0,3499	− 0,1128	− 0,03104	1,4259 (= H_o')
510,00	10,00	2,040	3,058	− 0,0180	1,018	1,8324		3,836						0,3909	− 0,0410	− 0,01813	1,4089 (= H_w')
Berechnung der Wasserspiegellage vom Stolleneinlauf an flußabwärts (schießender Abfluß)																	
1000,00	100,00	4,000	4,800		0,800	1,4400 (= F_{St})	1,49265	3,400	3,4585	0,43159	90	0,004 2472	0,42472	0,6328			1,4328
900,00	100,00	3,600	4,4585	+ 0,3415	0,8585	1,5453	1,5327	3,517	3,503	0,43754	90	0,003 9553	0,39553	0,5496	− 0,0832	+ 0,34152	1,4081
800,00	100,00	3,200	4,0445	+ 0,4140	0,8445	1,5201	1,52415	3,489	3,4935	0,43628	90	0,004 0152	0,40152	0,5680	+ 0,0184	+ 0,41393	1,4125
700,00	100,00	2,800	3,649	+ 0,3955	0,849	1,5282	1,52685	3,498	3,4965	0,43668	90	0,003 9962	0,39962	0,5620	− 0,0060	+ 0,39552	1,4110
600,00	100,00	2,400	3,2475	+ 0,4015	0,8475	1,5255	1,52595	3,495	3,4955	0,43655	90	0,004 0027	0,200135	0,5640	+ 0,0020	+ 0,40162	1,4115
550,00	50,00	2,200	3,048	+ 0,1995	0,848 *)	1,5264	1,5264	3,496	3,496	0,43661	90	0,003 9996	0,19998	0,5633	− 0,0007	+ 0,19944	1,4113
500,00	50,00	2,000	2,848	+ 0,2000	0,848 *)	1,5264 *)		3,496						0,5633	± 0,0000	+ 0,19998	1,4113 (= H_w)

*) Normalabfluß

Wasser, am Auslauf Druckstollen — muß im Stollen der Wechselsprung auftreten. Es ergeben sich hierbei zwei Möglichkeiten: entweder die Höhe des Wechselsprungs ist so klein, daß er nicht die Stollendecke erreicht, d. h. der Schnittpunkt der vom Auslauf und vom Einlauf her berechneten Energielinien liegt oberhalb der Stelle, von der an der Stollen zum Druckstollen wird, oder die Höhe des Wechselsprunges ist größer als die lichte Höhe des Stollens, d. h. der Wechselsprung kann sich nicht voll ausbilden. Im ersten Falle liegt zwischen der Strecke mit schießendem Abfluß (Einlaufstrecke) und dem Druckstollen (Auslaufstrecke) eine Zwischenstrecke, auf der der Stollen als Freispiegelstollen vom Wasser strömend durchflossen wird. Als Ursachen für den verzögerten Abfluß kommen wieder dieselben in Frage wie beim nur strömend durchflossenen Stollen. Schießendes Wasser im Einlauf kann z. B. erzeugt werden durch ein Sohlengefälle und eine Wandrauhigkeit des ganzen Stollens, die schießenden Normalabfluß bedingen, oder durch verstärktes Sohlengefälle vor dem Stollenmund.

Wie beim vorigen Beispiel müssen wieder die nachstehenden Größen als Unterlagen der Berechnung gegeben sein. Sie sollen in diesem Beispiel die folgenden Werte besitzen:

Die Abflußmenge Q . . . . 5,00 cbm/s
Der Stollenquerschnitt F, ein Quadrat von 1,80 m Seitenlänge 3,24 qm
Die Stollenlänge l . . . . 1000,00 m
Das Gefälle der Stollensohle $J_s = 1:250$ 0,004
Der Rauhigkeitsbeiwert l 90
Die Wassertiefe am Stollenauslauf t_0 . . . . 2,80 m.

Dazu muß hier weiter bekannt sein die Tiefe t_u des schießenden Wassers im Einlauf = 0,80 m, da ja die Berechnung der Wasserspiegellage von beiden Seiten her auf den Wechselsprung hin erfolgen muß.

Der Geschwindigkeitshöhen-Ausgleichwert α_u wurde nach den im Abschnitt IV zusammengestellten Untersuchungen zu 1,03 angenommen.

Mit der Gleichung[1] (5b) können nun zunächst die theoretische Grenztiefe t_{Gr} und mit Gleichung (6) die dazu gehörige Höhenlage der Energielinie H_{Gr} über der Stollensohle berechnet werden:

$$t_{Gr} = \sqrt[3]{\frac{\alpha_u \cdot Q^2}{b^2 \cdot g}} = \sqrt[3]{\frac{1,03 \cdot 5,0^2}{1,80^2 \cdot 9,81}} = 0,9324 \text{ m}$$

$$H_{Gr} = H_{min} = 1,5 \cdot t_{Gr} = 1,3986 \text{ m}.$$

Dann können wie im vorigen Beispiel aus der zweiten Gaucklerschen Formel die Gefälle der Energielinie J_e und der Drucklinie J_p berechnet werden:

$$J_e = J_p = 0,0009229$$

Ebenso wird wieder aus dem Gefälle der Drucklinie J_p, dem Gefälle der Stollendecke J_d und der Höhe z des Unterwasserspiegels über der Stollendecke am Auslauf die Strecke gefunden, auf der der Stollen Druckstollen ist:

$$x = \frac{z}{J_d - J_p} = 324,98 \text{ m}.$$

---

[1] Die auf den folgenden Seiten mit einer Nummer angegebenen Gleichungen sind — wenn nicht anders vermerkt — der Dissertation: Böß, Berechnung der Wasserspiegellage beim Wechsel des Fließzustandes entnommen, wo sie in derselben Weise beziffert sind.

An dieser Stelle — also 324,98 m oberhalb des Stollenauslaufes — liegt die Energie-linie um das Maß

$$H_0 = t + k = 1,9250 \text{ m}$$

über der Stollensohle; am Einlauf dagegen ist

$$H_u = 1,4328 \text{ m}.$$

Da aber am Wechselsprung

$$H_0 = H_u$$

sein muß, so liegt der Wechselsprung in diesem Beispiel zwischen dem Stolleneinlauf und dem Anfang der Druckstrecke: die Lage des Wechselsprungs bzw. der Schnitt-punkt der Energielinien bzw. die Stelle, an der $H_0 = H_u$ ist, wird nach der für offene Gerinne von Böß angegebenen Berechnungsweise gefunden (vgl. Abb. 29). Dabei zeigte sich, daß für das gewählte Beispiel sich schießender Normalabfluß einstellt mit einer Wassertiefe von 0,848 m und einer Höhenlage der Energielinie über der Stollensohle von 1,4113 m. Für die Berechnung der Strecke mit schießendem Abfluß wurde ein Abstand der Berechnungsquerschnitte von 100 m bzw. für die letzten beiden Zwischen-räume von 50 m gewählt, der für diese Aufgabe genügte. Wäre eine genaue Berechnung der Staukurve des Wasserspiegels vom Einlauf bis zum Erreichen der Wassertiefe bei Normalabfluß erforderlich gewesen, so hätten die Berechnungsquerschnitte enger gelegt werden müssen, wie das flußabwärts abnehmende Pendeln des berechneten, eine Zickzacklinie um die ganze Staukurve darstellenden Wasserspiegels beweist: in der vorliegenden Berechnung wurde die Wassertiefe im Querschnitt 900,0 um 10,5 mm zu groß, im Querschnitt 800,0 um 3,5 mm zu klein, im Querschnitt 700,0 wieder um 1 mm zu groß, im Querschnitt 600,0 um 0,5 mm zu klein und erst von Querschnitt 550,0 an konstant gefunden.

Da in dem untersuchten Beispiel der Wasserspiegel beim schießenden Normal-abfluß nur etwa 8 cm unter, beim stationär verzögerten, strömenden Abfluß unterhalb des Wechselsprunges um etwa das gleiche Maß über der theoretischen Grenztiefe lag, war eine recht große Genauigkeit der Berechnung erforderlich. An Stelle der dazu notwendigen 5 oder 6 Proberechnungen wurde ein halb analytisches, halb graphisches Verfahren angewandt, mit dessen Hilfe es gelang, jeweils mit nur 3 Proberechnungen auszukommen. Es wurde zunächst ein absolutes Gefälle des Wasserspiegels H' an-genommen und dafür die erste Proberechnung durchgeführt. Das berechnete absolute Wasserspiegelgefälle h wurde nicht gleich h' gefunden. In die zweite Proberechnung mußte ein nach Regel (8b) geänderter Wert h' eingesetzt werden. War auch hier

$$h \neq h',$$

so genügte die graphische Auftragung der beiden Werte h' als Abszissen und der Diffe-renzen $h' - h$ als entsprechende Ordinaten. Die Gerade durch die Ordinatenendpunkte schneidet die Abszissenachse in dem gesuchten Wert h', für den ja

$$h' - h = 0$$

sein muß.

Nachdem in dieser Weise der Verlauf des Wasserspiegels und der Energielinien berechnet und aus den Werten H festgestellt worden war, daß der Wechselsprung zwischen den Querschnitten 500,0 und 510,0 liegen müsse, konnte dessen genaue Lage und Höhe ermittelt werden. Der Abstand x des Wechselsprunges vom Querschnitt 510,0 wurde mit der Gleichung (20) gefunden:

$$\lambda = \frac{l \cdot (H_0 - H_u)}{(H_0 - H_u) - (H_0' - H_u')} = l \cdot \frac{H_0 - H_u}{H_0 - H_0'},$$

da wegen des schießenden Normalabflusses H_u und H_u' einander gleich sind. Nach Einsetzen der Werte wird

$$x = \frac{10,0\,(1,4089 - 1,4113)}{1,4089 - 1,4259} = 1,41 \text{ m,}$$

so daß also der Wechselsprung im Querschnitt 508,59 auftritt. Da auf der einen Seite des Wechselsprunges Normalabfluß mit gleicher Höhenlage der Energielinie H_u über der Rinnensohle festgestellt wurde, muß auch der Schnittpunkt dieser Energielinie mit derjenigen für den strömenden Abfluß um das gleiche Maß H_u über der Rinnensohle liegen. Dasselbe Ergebnis liefert selbstverständlich die allgemein — also für den Fall, weder oberhalb noch unterhalb des Wechselsprunges Normalabfluß — gültige Gleichung (21), in der wieder

$$H_u = H_u' = 1,4113 \text{ m}$$

zu setzen ist:

$$H_x = \frac{(H_u - H_u')\,(l - x)}{l} + H_u' = 0,0 + H_u' = 1,4113 \text{ m.}$$

Schließlich erhält man aus der Gleichung (10a)

$$t_0 - t_u = \frac{H_x - 3\,t_u}{2} \pm (H_x - t_u) \cdot \sqrt{0,25 + \frac{t_u}{H_x - t_u}}$$

nach Einsetzen der entsprechenden Werte

$$t_u = 0,848 \text{ m}$$
$$H_x = 1,4113 \text{ m}$$

die Höhe des Wechselsprunges:

$$t_0 - t_u = 0,1800 \text{ m.}$$

Zur Prüfung der Richtigkeit dieses Ergebnisses wird die Höhe des Wechselsprunges mit Hilfe der von Koch aus dem Satze von der Stützkraft abgeleiteten Gleichung (85):

$$t_0' = \frac{t_u}{2}\left(-1 + \sqrt{1 + 16\,\frac{k}{t_u}}\right)$$

berechnet. Mit den in der Tabelle auf Abb. 29 berechneten Werten für den schießenden Abfluß

Wassertiefe t_u $\quad\quad = 0,848$ m,
Geschwindigkeitshöhe $k = 0,5633$ m

findet man die Tiefe des strömenden Wassers dicht hinter dem Wechselsprung

$$t_0' = 1,0212 \text{ m.}$$

Die Gleichung (10a) lieferte den Wert

$$t_0 = t_u + 0,1800 \text{ m} = 1,0280 \text{ m.}$$

Der Unterschied stellt die Energievernichtung durch Stoßverluste im Wechselsprung selbst dar. Dieser Verlust bewirkt aber, daß der Wechselsprung schon etwas oberhalb der nach Böß berechneten Stelle entsteht. Seine wahre Lage zum Querschnitt 510,0 kann nun aus den geometrischen Beziehungen zwischen den berechneten Wassertiefen und den Abständen von dem Querschnitt 510,0 gefunden werden:

$$\frac{y}{x} = \frac{t_0'}{t_0} = \frac{1,0212}{1,0280}.$$

Der Abstand x vom Querschnitt 510,0 wurde auf S. 46 berechnet zu 1,41 m. Demnach wird

$$y = 1,4007 \text{ m.}$$

Die Verschiebung des Wechselsprunges flußaufwärts ist also im vorliegenden Beispiel belanglos.

Drittes Beispiel (Abb. 30).

Während in dem eben durchgerechneten Beispiel der Wechselsprung sich voll ausbilden konnte, und das Wasser unterhalb zunächst noch im Freispiegelstollen strömend abfließt, soll in einem weiteren Beispiel gezeigt werden, daß auch der Übergang vom Freispiegelstollen mit schießendem Abfluß in den Druckstollen plötzlich stattfinden kann. Bekannt seien

der Stollenquerschnitt $F = 1,8 \cdot 1,8$ qm . . . . 3,24 qm

die Stollenlänge l . . . . 1000,00 m

das Gefälle der Stollensohle J_s 0,004

wie im vorangehenden Beispiel; dagegen seien jetzt:

die Abflußmenge Q . . . . 9,00 cbm/s

die Wassertiefe am Einlauf t_u . . . . 0,55 m

der Rauhigkeitsbeiwert f . . . . 60 (entsprechend der Wandrauhigkeit von gut geschaltem, aber unverputztem Beton).

Am Auslauf schließe sich ein offenes Gerinne mit rechteckigem Querschnitt, derselben Sohlenbreite, demselben Gefälle und derselben Wandrauhigkeit an den Stollen an. Bei genügender Länge dieses Gerinnes wird sich Normalabfluß einstellen, woraus die Wassertiefe dicht unterhalb des Stollenauslaufes und damit die Höhenlage der Drucklinie am Auslauf sich berechnen lassen: durch Proberechnungen ähnlich den oben beschriebenen findet man beim Einsetzen einer Wassertiefe von 1,843 m ein Energieliniengefälle von 0,003998, wodurch also mit genügender Genauigkeit die Wassertiefe für Normalabfluß und damit die Überstauung des Stollenscheitels am Auslauf festgestellt ist.

Tatsächlich wird sich am Auslauf eine ganz ähnliche Erscheinung im Verlaufe der Energielinie, der Drucklinie und des Wasserspiegels zeigen wie die am Stolleneinlauf auftretende, im Abschnitt V beschriebene: die Wasserfäden werden hier am Auslauf nicht plötzlich, sondern in s-förmigen Bahnen von dem Stollenquerschnitt auf den Unterwasserquerschnitt übergehen und die Stirnkante des Stollens wird auch hier die Bildung einer Diskontinuitätsfläche verursachen. So ist der eigentliche Wasserstrom überlagert von einer Deckwalze, die um so größer wird, je höher der Unterwasserspiegel über dem Stollenscheitel liegt und je größer die Abflußgeschwindigkeit im Unterwasser ist (vgl. Abb. 27 c und d). Wie bei jeder Deckwalze liegt ihr Anfang (an der Stollenstirnwand) tiefer als ihr Ende. Und aus den am Stolleneinlauf gemachten Beobachtungen kann geschlossen werden, daß der Walzenanfang auch tiefer liegt als der Austrittspunkt der Drucklinie, da die Drucklinie über dem Wasserspiegel liegt, wenn die Wasserteilchen gegen die Rinnensohle konvex gekrümmte Bahnen durchlaufen. Erst am Ende der Deckwalze fallen Drucklinie und freier Wasserspiegel zusammen.

Im vorliegenden Beispiel beträgt nun der Unterschied zwischen Stollenhöhe und Unterwassertiefe nur 4,3 cm. Die Deckwalze wird also sehr klein sein. Insbesondere wird die Drucklinie beim Austritt aus dem Stollen in der Höhe des bis zur Stirnwand des Stollens nach rückwärts verlängert gedachten Unterwasserspiegels liegen (vgl.

Abb. 30. Beispiel für den stationären Wasserabfluß durch Stollen bei einer Höhenlage des Oberwasserspiegels unter dem Stollenscheitel am Einlauf. Berechnung der Wasserspiegellage bei bekannter Abflußmenge Q, Stollenquerschnitt F_{St}, Wandrauhigkeit t, Sohlengefälle J_s, Höhenlage des Unterwasserspiegels und des Oberwasserspiegels.

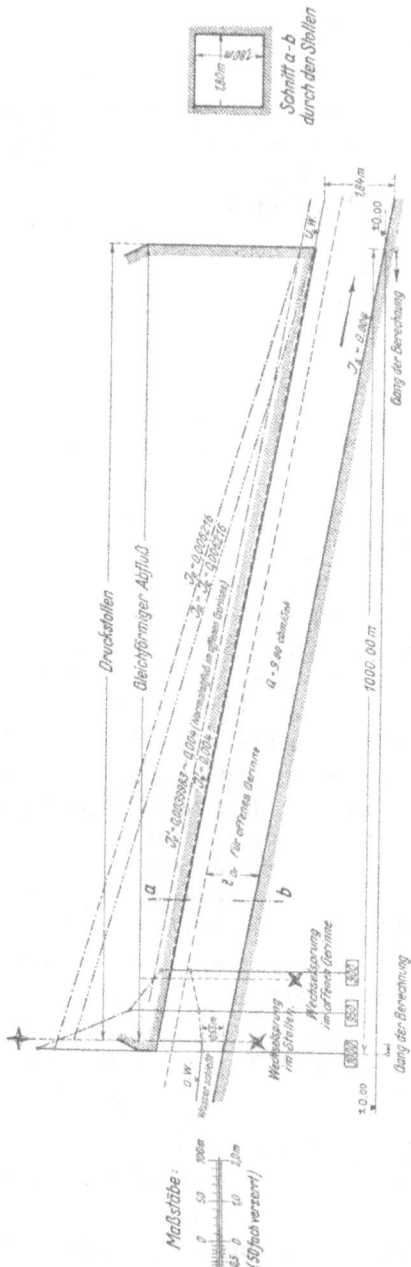

Quer-schnitt	Ab-stand l in m	Höhenlage der Sohle	des W.Sp.	Angen. absolut. Gefälle des W.Sp. h' in m	Wasser-tiefe t in m	Quer-schnitts-fläche F_w in m²	Mittl. Quer-schnitts-fläche F_m in m²	Be-netzter Umfang p in m	Mittl. benetzt. Umfang p_m in m	Mittl. hydraul. Radius R_m in m	Rauhig-keits-Beiwert t (Gauck-ler)	Relatives Gefälle der Energielinie $J_r = \frac{u^2}{t^2 \cdot R^{4/3}}$	Absolut. Gefälle der E.-Linie $h_r = J_r \cdot l$ in m	Geschw. Höhe $k = \alpha_u \cdot \frac{u^2}{2g}$ in m	Geschw. Gefälle h_g in m	Berechn. abs. W.Sp. Gefälle $h = h_r + h_g$	Höhe der E.-Linie über Sohle $H = t + k$ in m
1	2	3	4	5	6	7	8	9	10	11	12	13	14	15	16	17	18
1000,00		4,00	4,550		0,550	0,990		2,900						4,3387			4,8887
950,00	50,00	3,80	4,654	— 0,104	0,854	1,5372	1,2636	3,508	3,204	0,39438	60	0,048722	2,4361	1,7956	— 2,5431	— 0,1070	2,6496
900,00	50,00	3,60	4,9005	— 0,2465	1,3005	2,3409	1,93905	4,401	3,9545	0,49034	60	0,015476	0,7738	0,7760	— 1,0196	— 0,2458	2,0765

Geschwindigkeitshöhen-Ausgleichwert:

$$\alpha_u = 1,03$$

Theoretische Grenztiefe:

$$t_{Gr} = \sqrt[3]{\alpha_u \frac{9{,}0^2}{1{,}8^2 \cdot 9{,}81}} = 1{,}3795 \text{ m}$$

Abstand des Wechselsprungs vom Querschnitt 1000:

$$x = \frac{50{,}0 \ (4{,}464 - 4{,}889)}{(4{,}464 - 4{,}889) - (4{,}353 - 2{,}650)} = 9{,}981 \text{ m}$$

Abb. 30 und auch Abb. 24 c). Damit ist wieder mit genügender Genauigkeit diejenige Stelle gegeben, von der die Berechnung des Verlaufes der Druck- und Energielinie auszugehen hat. Man findet:

$$J_s = J_p = 0{,}006216,$$

am Stollenauslauf:

$$H_2 = 1{,}843 + 1{,}03 \cdot \frac{9{,}0^2}{(1{,}8 \cdot 1{,}8)^2 \cdot 19{,}62} = 2{,}248 \text{ m,}$$

am Stolleneinlauf:

$$H_0 = 2{,}248 + 1000 \cdot 0{,}006216 - 1000 \cdot 0{,}004 = 4{,}464 \text{ m.}$$

Die angenommene Wassertiefe von 0,55 m am Stolleneinlauf ergibt dagegen einen Wert

$$H_u = 0{,}550 + 1{,}03 \cdot \frac{9{,}0^2}{(1{,}8 \cdot 0{,}55)^2 \cdot 19{,}62} = 4{,}889 \text{ m.}$$

Daraus geht hervor, daß der Schnittpunkt der beiden Energielinien, also auch der Wechselsprung flußabwärts vom Stolleneinlauf im Stollen selbst liegen muß. Der vom Einlauf her stromabwärts zu berechnende Verlauf der Energielinie und des Spiegels des schießenden Wassers ist auf Abb. 30 angegeben. In der bekannten Weise wird die Lage des Wechselsprunges gefunden:

$$x = \frac{50{,}0 (4{,}464 - 4{,}889)}{(4{,}464 - 4{,}889) - (4{,}353 - 2{,}650)} = 9{,}981 \text{ m.}$$

Der Wechselsprung liegt also 9,981 m unterhalb des Stolleneinlaufes. Die Energielinie liegt an dieser Stelle um das Maß H_x über der Stollensohle:

$$H_x = \frac{(4{,}889 - 2{,}650) (50{,}00 - 9{,}981)}{50{,}0} + 2{,}650 = 4{,}442 \text{ m.}$$

Selbstverständlich muß man denselben Wert erhalten aus der Gleichung:

$$H_x = 2{,}248 + (1000{,}00 - 9{,}981) (0{,}006216 - 0{,}0040) = 4{,}442 \text{ m.}$$

Der Wechselsprung kann sich hier nicht mehr voll ausbilden: wäre die Stollendecke nicht da, so läge er weiter flußabwärts, wie auf Abb. 30 ebenfalls angegeben. Die Reibung an der Stollendecke bedingt aber ein stärkeres Reibungsgefälle der Energielinie über dem vom Wasser ganz angefüllten Stollenteil. Da am Stollenauslauf nach den gegebenen Bedingungen der Wert H festliegt, bedeutet die Vermehrung des Gefälles der Energielinie eine Vergrößerung der flußaufwärts liegenden Werte H und damit bei gleichbleibendem Verlauf der Energielinie über dem schießenden Wasser ein Verschieben des Schnittpunktes beider Energielinien flußaufwärts.

Die Auftragung des so berechneten Längenschnittes durch den Wasserspiegel zeigt die große Höhe des Wechselsprunges, woraus auf beträchtliche Stoßverluste geschlossen werden kann. Zu ihrer Berechnung müßte wieder die Kochsche Stützkraftgleichung benutzt werden, hier aber so, daß für die bekannte Höhenlage der Drucklinie (statt des freien Wasserspiegels) t_0 durch Probechnung die entsprechende Tiefe des schießenden Wassers t_u und die zugehörige Geschwindigkeitshöhe k gesucht werden. Dann wäre die Stelle zu bestimmen, an der dieses t_u vorhanden ist. Da diese Berechnung jedoch nichts Neues mehr bietet, sei von ihrer Durchführung hier abgesehen.

Die Untersuchung der Abflußmöglichkeiten für Stollen der Gruppe I (Höhenlage des Oberwasserspiegels unter dem Stollenscheitel am Einlauf) kann damit als abgeschlossen angesehen werden.

Es ist nun oben nachgewiesen worden, daß im vollaufenden stetigen Stollen nur stationär gleichförmiger Abfluß stattfinden kann. Da nun der Stollen, bei dem der Oberwasserspiegel am Einlauf über dem Stollenscheitel liegt, und bei dem die contractio venae nicht belüftet wird, nach dem Ergebnis der vorliegenden Versuche stets vollläuft, so gibt es für diese Gruppe IIa nur diesen einen Fall des Abflusses. Die Berechnung des Verlaufes der Druck- und Energielinie wird zweckmäßig stets vom Auslauf her stromaufwärts erfolgen in der Weise, wie es bei den drei Beispielen mit stationär verzögertem Abfluß (Abb. 28, 29, 30) für die Druckstollenstrecken ausgeführt worden ist. Dabei kann der Unterwasserspiegel jede beliebige Lage einnehmen, wenn sie nur tiefer ist als die geodätische Höhe des Oberwasserspiegels. Da nämlich ein stetiger Stollen vorausgesetzt ist, laufen Energie- und Drucklinie gleich. Liegen nun Ober- und Unterwasserspiegel auf derselben geodätischen Höhe, so läuft die Drucklinie horizontal und ebenso die Energielinie. Das ist nur möglich, wenn das Reibungsgefälle = 0 wäre, oder — da die vorhandene Reibung beim Fließen überwunden werden muß — wenn die Bewegung aufhört. Sehr wohl denkbar aber ist der Fall, daß der Unterwasserspiegel unter den Stollenscheitel sinkt. Dann wird je nach seinen hydraulischen Eigenschaften der Stollen trotzdem bis zum Auslauf Druckstollen bleiben, wenn nämlich sein Gefälle und sein Querschnitt zu gering und seine Rauhigkeit zu groß sind für die Bewältigung der Wasserförderung. Im umgekehrten Falle wird sich vom Auslauf her der Wasserspiegel von der Stollendecke lösen aufwärts bis zur contractio venae, so daß diese vom Auslauf her belüftet wird, wobei das Wasser durch den ganzen Stollen schießt.

Auf die letzte Abflußgruppe (IIb) kann ohne weiteres das Ergebnis aus der Untersuchung der Gruppe I bei schießendem Einlauf (Abb. 24) angewandt werden: die Belüftung der contractio venae ist ja nur ein weiteres Mittel, schießenden Wasserabfluß zu erzeugen. Die Wassertiefe am Einlauf ergibt sich dabei aus dem Ausflußkoeffizienten, über den für das vorliegende Stollenmodell weiter oben berichtet wurde, der aber für andere Einlaufformen besonders ermittelt werden muß, soweit ältere Untersuchungen über Ausfluß durch Ansatzröhren nicht benutzt werden können.

VII. Das Mitreißen von Luft in den Stollen.

Dr.-Ing. Winkel gibt in seiner Abhandlung: »Abhängigkeit der Wasserbewegung in einer Rohrleitung, insbesondere die Abhängigkeit der fließenden Wassermenge von der Höhenlage und der Ausbildung des Einlaufes, d. h. des Mundstückes« an, daß in Rohrleitungen vom zufließenden Wasser keine Luft hineingerissen werde, wenn bei scharfkantigem Einlauf der Rohrscheitel mindestens um das Maß $\frac{1}{4} \frac{u^2}{2\,g}$ tiefer liegt als der Oberwasserspiegel. Da u hierbei die mittlere Geschwindigkeit des Wassers im Rohreinlauf bedeutet, so heißt das Winkelsche Gesetz in anderer Form: das Mitreißen von Luft in Rohrleitungen wird vermieden, wenn die Energielinie am Rohreinlauf höchstens viermal so hoch über diesem liegt als der Oberwasserspiegel.

Bei den Versuchen zur vorliegenden Arbeit erreichte aber der Oberwasserspiegel stets beinahe die Höhenlage der Energielinie über dem Stolleneinlauf. Trotzdem wurde stets Luft in einzelnen verschieden rasch aufeinanderfolgenden Blasen durch das Oberwasser in den Stollen hineingerissen. Allerdings gibt Winkel als Einschränkung für den Geltungsbereich seines Gesetzes an: Wirbelbildung als nicht vorhanden vorausgesetzt. Aber bei den Versuchen für den Wasserabfluß durch Stollen war es trotz der von Winkel bzw. Möller empfohlenen symmetrischen Anordnung in der Zuführung des Wassers zum Rohreinlaufe nicht möglich, das Auftreten von Wirbeln zu vermeiden.

Es bildete sich je ein Wirbel beim Stollen mit rechteckigem Querschnitt pendelnd etwa 10 cm vor dem Einlauf nahe an den Seitenwänden der Rinne auf dem Oberwasserspiegel und zog sich von hier aus nach der rechten bzw. linken oberen Ecke des Einlaufquerschnittes herunter. Vgl. die Lichtbilder Abb. 2, Abb. 8 und Abb. 23. Merkwürdigerweise entstand auch bei dem Stollen mit kreisförmigem Querschnitt (Modell V) dieses Wirbelpaar an derselben Stelle und zog sich gleichlaufend zur Stollenachse bzw. Strömungsrichtung in den Einlauf hinein, so daß es hier durch den Kreis etwa in der Gegend seiner größten Breite lief, während zunächst erwartet wurde, daß sich hier nur ein Wirbel in der Rinnenmitte bildete, um auf dem kürzesten Wege, d. i. durch den Rohrscheitel, die Stelle des Unterdruckes in der contractio venae zu erreichen Auch bei ganz großen Verhältnissen entstehen solche luftsaugenden Wirbel: nach Mitteilung von Herrn Obering. Meyer der Bernischen Kraftwerke bilden sich beim Kraftwerk Mühleberg an den Turbineneinläufen zwischen den Pfeilerköpfen Wirbel, obwohl der Zustrom unmittelbar aus dem Stausee, also praktisch symmetrisch erfolgt und die Geschwindigkeitshöhe — berechnet aus Schluckvermögen der Turbine und lichtem Durchflußquerschnitt unter der Betontauchwand — nur 0,015 m beträgt bei einer Höhe des Stauseespiegels über Unterkante Tauchwand von 5,20 m. Es scheint demnach nicht nur auf den symmetrischen Zufluß anzukommen. Vielmehr sei an die Ausführungen über die Trennungsfläche zwischen dem O.W.-Strom und der Stauwelle vor der Stollenstirnwand in Kapitel V erinnert. Es ist einleuchtend, daß die beobachteten Wirbel mit dieser nach Helmholtz mit Wirbelfäden kontinuierlich belegten Trennungsfläche in Zusammenhang stehen müssen. Denn Helmholtz sagt selbst, daß die für die mathematische Lösung gemachte Annahme vom Vorhandensein dieser Wirbelfäden in reibenden Flüssigkeiten schnell zur Wirklichkeit werde. Dabei ist allerdings bemerkenswert, daß die Wirbelachse — durch die mitgerissenen Luftblasen sichtbar gemacht — in einem gewissen Abstand an der Stollenstirnkante vorbeiläuft, während die Diskontinuitätsfläche — die nach Helmholtz durch die Stirnkante entstehen sollte — im O.W.-Spiegel beginnend und dann durch die Kante durchlaufend angenommen wurde. Eine andere Ursache für das Entstehen dieser Eckwirbel wird in der durch die Turbulenz bedingten Geschwindigkeitsverteilung des Oberwassers und im Zusammenhang damit in dem Quergefälle der Stauwelle vor der Stollenstirnwand zu suchen sein: die Beobachtung zeigt, daß die Wirbel wie Wasserräder von den größeren Geschwindigkeiten in der Rinnenachse angetrieben werden, und daß die Stauwelle die Drehung der Wirbel im selben Sinne fördert, weil die größere Geschwindigkeit in Rinnenmitte bezogen auf die Flächeneinheit mehr Wasser in der Sekunde liefert, die Stauwelle infolgedessen aus der Mitte gespeist wird und deshalb von der Mitte nach beiden Seiten abfließt. Es wird also auch hier das Gesetz bestätigt, daß ein Wirbel sich im Sinne des Uhrzeigers dreht, wenn er rechts von den Stromfäden mit der größten Geschwindigkeit entsteht, d. h. im allgemeinen rechts von der Rinnenachse; umgekehrt dreht der Wirbel in der linken Ecke entgegengesetzt zum Uhrzeiger.

Beim Abfluß durch den Stollen mit belüfteter Decke wurde ein weniger periodisches, mehr kontinuierliches Auftreten der beiden Wirbel gleichzeitig mit einem geringeren Auf- und Abpendeln bzw. einer geringeren Wellung des Wasserspiegels beobachtet als beim Abfluß durch den unbelüfteten Stollen. Die verschiedenen Lichtbilder bestätigen diese Beobachtung, die im Gegensatz zum Erwarteten steht. Denn es wurde angenommen, daß gerade beim unbelüfteten Stollen der Unterdruck in der contractio venae sich fortwährend durch starkes Luftansaugen vom Oberwasser her zu vermindern suche, wie das der Fall ist, sobald die contractio venae durch die Stollendecke hindurch mit der atmosphärischen Luft in Verbindung gebracht wird. Die Stärke dieses Sogs veranschaulicht am besten eine Mitteilung von Dipl.-Ing. Keller:

52

wenn beim Grundablaßstollen Mühleberg die Falltür im Bedienungsboden des Einlauf-
turmes geöffnet wird, ist es vorgekommen, daß den Umstehenden der Hut vom Kopfe
in den Stollen hinuntergerissen wurde. Dieser Sog ist also nicht die Ursache für das
Mitreißen von Luft vom Oberwasser her. Die Luftblasen im Wirbelkern sind vielmehr
eine sekundäre Erscheinung: im Wirbelkern entsteht durch die Fliehkraftwirkung
Unterdruck, der schließlich das Eindringen der Luft hervorruft; beim Abströmen des
Wirbels wandern dann die Luftblasen mit.

Soweit bekannt, liegen noch keine Untersuchungen darüber vor, nach welcher
Regel im Modell beobachtete Wirbel auf die Wirklichkeit übertragen werden können.
Es hat jedoch den Anschein, als ob dafür andere Regeln angewandt werden müssen,
so daß ein Wirbel im Modell bei der Übertragung auf die Wirklichkeit seine Größe
nahezu beibehält. Er wäre also im Modell viel zu groß, ähnlich den Luftblasen, die
z. B. die bei Absturzbauwerken entstehenden Deckwalzen durchsetzen. Es ist möglich,
daß daraus der Widerspruch zwischen den Winkelschen Rohrversuchen und den in
dieser Arbeit beschriebenen Stollenversuchen zu erklären ist. In dem engen Rohr
waren die verhältnismäßig viel zu großen Luftblasen in der Lage, in die contractio
venae einzudringen und so allerdings eine Belüftung der Rohrleitung und damit eine
Minderung ihrer Leistung herbeizuführen.

Zusammenfassung.

Von den Ergebnissen der vorstehenden Arbeit ist für den bauenden Ingenieur
wohl der Nachweis von Bedeutung, daß Wasserstollen auch bei den Stollenscheitel
beträchtlich überstauenden Oberwassertiefen als Freispiegelstollen laufen, wenn die

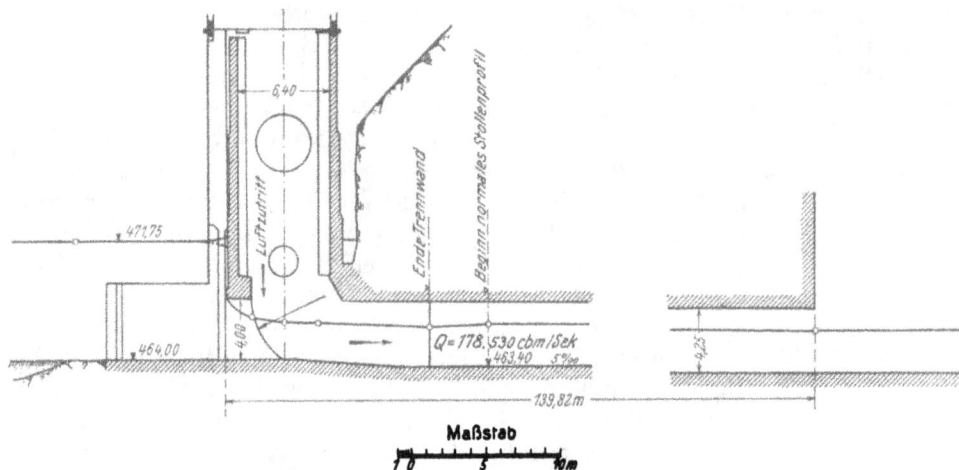

Abb. 31. Längenschnitt durch Einlaufturm und Auslauf des Grundablaßstollens Mühleberg mit eingezeichneter
Wasserspiegellage beim Abfluß von 178,53 cbm/s zum Vergleich mit den Aufnahmen am Modell eines
belüfteten Stollens. (Nach: „Schweiz. Wasserwirtschaft", XIV. Jahrg., Nr. 5, 7, 8, 9 und 10.)

Stollendecke am Einlauf belüftet wird. In diesem Falle kann mit einer um etwa auf
das 1½fache gesteigerten Wassergeschwindigkeit gerechnet werden. Aus konstruktiven
Gründen wird die Lüftung in der Praxis tatsächlich nicht nur bei dem einen beobachteten Beispiel des Mühleberg-Stollens eintreten, sondern in vielen Fällen vorhanden
sein, weil die den Stolleneinlauf schließende Schütztafel gewöhnlich in einem gewissen
Abstand von der massiven Stirnwand des Stollens liegt, wobei die Luft von oben
durch diesen Spalt in die contractio venae gelangen kann.

Außerdem lieferten die Versuche keine Bestätigung für einen Teil der Ergebnisse der Dissertation von Winkel. Vielmehr ergab sich in Übereinstimmung mit den Beobachtungen am Kraftwerk Mühleberg, daß ein Luftansaugen sozusagen durch den O.W.-Spiegel hindurch, d. h. das Mitreißen von Luft durch die sich bildenden Eckwirbel für die Wasserförderung im Stollen belanglos ist, daß dagegen die Belüftung der contractio venae durch die Stollendecke auf den Wasserabfluß eine entscheidende Wirkung ausübt.

Das wichtigste Ergebnis der vorliegenden Arbeit liegt jedoch in der Möglichkeit, die Berechnung der Wasserspiegellage, wie sie Böß für das Freigerinne angegeben hat, auf den Stollen in seinen verschiedenen Formen anzuwenden. Tritt dabei ein Wechselsprung auf, so ist dessen Berechnung nach Koch zu ergänzen. Außerdem muß der festgestellte Verlauf der Drucklinie und die Möglichkeit der Lüftung am Einlauf beachtet werden.

———

Literaturverzeichnis.

1. Aichel, Dr.-Ing. O. G., Experimentelle Untersuchungen über den Abfluß des Wassers bei vollkommenen schiefen Überfallwehren (V. D. I., Forschungsheft Nr. 80), S. 3 bis 13.
2. Biel, R., Druckhöhenverlust bei der Fortleitung tropfbarer und gasförmiger Flüssigkeiten (V. D. I., Forschungsheft Nr. 44), Abschnitt I.
3. Böß, Dr.-Ing. P., Berechnung der Wasserspiegellage beim Wechsel des Fließzustandes. Karlsruhe 1919, J. Langs Buchdruckerei.
4. Föppl, Dr. phil., Dr.-Ing. A., Vorlesungen über Technische Mechanik, VI. Band: Die wichtigsten Lehren der höheren Dynamik, 4. Auflage. Leipzig und Berlin 1921, Verlag von B. G. Teubner, § 61, 62, 65.
5. Forchheimer, Dr. Ph., Hydraulik. Leipzig und Berlin 1914. Druck und Verlag von B. G. Teubner. Abschnitt IX.
6. — Der Durchfluß des Wassers durch Röhren und Gräben, insbesondere durch Werkgräben großer Abmessungen. Berlin 1923, Verlag von J. Springer.
7. Helmholtz, H., Wissenschaftliche Abhandlungen, I. Band. Leipzig 1882 bei Johann Ambrosius Barth. Abschnitt IX.
8. Keck, W., Vorträge über Mechanik, II. Teil, 2. Aufl. Hannover 1901, Helwingsche Verlagsbuchhandlung. S. 205 bis 212.
9. Keller, A. J., Die Versuche am Grundablaßstollen Mühleberg und deren Verarbeitung. Schweizerische Wasserwirtschaft, XIV. Jahrg. 1922, Nr. 5, 7 bis 10.
10. Koch-Carstanjen, Bewegung des Wassers und dabei auftretende Kräfte. Berlin 1926. Verlag von J. Springer. Abschnitt II, 3; VI, Anhang V.
11. Kohlrausch, Dr. F., Lehrbuch der praktischen Physik, IX. Auflage. Leipzig und Berlin 1901. Druck und Verlag von B. G. Teubner. Abschnitt 1 bis 7, 36.
12. Lamb, Dr.-Ing. e. h. H., Hydrodynamics, V. Aufl. Cambridge 1924, Universitäts-Druckerei. Abschnitt 278.
13. Lorenz, Dr. H., Lehrbuch der Technischen Physik, Band III. München und Berlin 1910, Druck und Verlag von R. Oldenbourg. § 12, 36.
14. Meyer-Peter, E., Neuere Berechnungsmethoden aus dem Gebiete der Hydraulik. Schweiz. Bauztg. Bd. 84, Nr. 1 und 2 (5. und 12. 7. 1924).
15. Näbauer, Dr.-Ing. M., Grundzüge der Geodäsie (Handbuch der angewandten Mathematik, III. Teil). Leipzig und Berlin 1915, Druck und Verlag von B. G. Teubner. Abschnitt 1 bis 8.
16. — Vermessungskunde (Handbibl. für Bauing., I. Teil, 4. Band). Berlin 1922, Verlag von J. Springer. I.
17. Rehbock, Dr.-Ing. e. h. Th., Betrachtungen über Abfluß, Stau und Walzenbildung bei fließenden Gewässern (Festschrift zur Feier des 60. Geburtstages des Großherzogs Friedrich II. von Baden). Berlin 1917, Verlag von J. Springer. I. Teil.
18. — Brückenstau und Walzenbildung. Untersuchungen aus dem Flußbaulaboratotium der Techn. Hochschule zu Karlsruhe. »Der Bauingenieur« 1921, Heft 13. Berlin 1921, Verlag von J. Springer.
19. — Aus dem Flußbaulaboratorium der Techn. Hochschule zu Karlsruhe (Sonderdruck aus der Festschrift zur Einweihung des Neubaues der Bauingenieurabteilung 1922). I.
20. — Die Bestimmung der Lage der Energielinie bei fließenden Gewässern mit Hilfe des Geschwindigkeitshöhen-Ausgleichwertes. »Der Bauingenieur«, 3. Jahrg. 1922, Heft 15.
21. — Universalstaurohr des Karlsruher Flußbaulaboratoriums. Zeitschrift des V. D. I., Band 70, Nr. 1 (2. 1. 1926). Berlin 1926, im V.-D.-I.-Verlag.
22. — Das Flußbaulaboratorium der Techn. Hochschule zu Karlsruhe. Sonderdruck aus: »Die Wasserbaulaboratorien Europas«. Berlin 1926 im V.-D.-I.-Verlag. Abschnitt 3.

23. Rümelin, Dr.-Ing. Th., Wie bewegt sich fließendes Wasser? Dresden 1913. Verlag von v. Zahn und Jaensch. I.
24. Streck, Dr.-Ing. O., Aufgaben aus dem Wasserbau. Berlin 1924, Verlag von J. Springer. Aufg. 19.
25. Strickler, Dr. A., Beiträge zur Frage der Geschwindigkeitsformel und der Rauhigkeitszahlen für Ströme, Kanäle und geschlossene Leitungen. Mitteilungen des Eidgenöss. Amtes für Wasserwirtschaft Nr. 16. Bern 1923.
26. Thoma, Dr.-Ing. D., Über die Genauigkeit des Gibsonschen Wassermeßverfahrens. (Mitteilungen des Hydraulischen Instituts der Techn. Hochschule München, Heft 1). München und Berlin 1926, Verlag von R. Oldenbourg.
27. Winkel, Dr.-Ing. R., Abhängigkeit der Wasserbewegung in einer Rohrleitung, insbesondere die Abhängigkeit der fließenden Wassermenge von der Höhenlage und der Ausbildung des Einlaufes d. h. des Mundstückes. V. D. I., Forschungsheft Nr. 186.
28. — Hydromechanik der Druckrohrleitungen. München und Berlin 1919, Druck und Verlag von R. Oldenbourg.
29. — Stauröhren zur Messung des Druckes und der Geschwindigkeit im fließenden Wasser. Zeitschrift des V. D. I., Band 67, Nr. 23 (9. 6. 1923). Berlin 1923 im V.-D.-I.-Verlag.

Mitteilungen des Hydraulischen Instituts der Technischen Hochschule München

Herausgegeben vom Institutsvorstand
Prof. Dr.-Ing. **D. Thoma**

H E F T 1 : 95 Seiten, 85 Abbildungen, 1 Tafel. Lex.-8⁰. 1926. Brosch. M. 5.80.

I n h a l t : R. Ammann: Zahnradpumpen mit Evolventenverzahnung. — O. Kirschmer: Untersuchungen über den Gefällsverlust an Rechen. — H. Schütt: Versuche zur Bestimmung der Energieverluste bei plötzlicher Rohrerweiterung. — D. Thoma: Über den Genauigkeitsgrad des Gibsonschen Wassermeßverfahrens. — G. Vogel: Untersuchungen über den Verlust in rechtwinkligen Rohrverzweigungen.

H E F T 2 : 79 Seiten, 88 Abbildungen. Lex.-8⁰. 1928. Brosch. M. 5.80.

I n h a l t : Dr.-Ing. O. Kirschmer: Untersuchung der Überfallkoeffizienten für einige Wehre mit gerundeter Krone. —- Dipl.-Ing. Hans Müller: Beeinflussung der Anzeige von Venturimessern durch vorgeschaltete Krümmer. — Dipl.-Ing. J. Spangler: Beeinflussung der Anzeige von Venturimessern durch kleine Abweichungen in der Düsenform. — Derselbe: Untersuchungen über den Verlust an Rechen bei schräger Zuströmung. -- Dr.-Ing. Gustav Vogel: Untersuchungen über den Verlust in rechtwinkligen Rohrverzweigungen. — Dipl.-Ing. Rud. Hailer: Fehlerquellen bei der Überfallmessung. — Dipl.-Ing. A. Hofmann: Neue Untersuchungen über den Druckverlust in Rohrkrümmern. — Dipl.-Ing. Stud.-Prof. H. Kirchbach: Verluste in Kniestücken.

Forschungsinstitut für Wasserbau und Wasserkraft e. V., München. Mitteilungen

H E F T 1 : 44 Seiten, 44 Abbildungen, 1 farbige Tafel als Beilage. Lex.-8⁰. 1928. Brosch. M. 4.50.

I n h a l t : Untersuchung der Überfallkoeffizienten und der Kolkbildungen am Absturzbauwerk I im Semptflutkanal der „Mittleren Isar". Vergleich zwischen Modell und Wirklichkeit. Ein Beitrag zur Kritik der Wassermessung mittels Überfall. Von Dr.-Ing. **Otto Kirschmer,** Vorstand des Forschungsinstitutes für Wasserbau und Wasserkraft e. V., München.

Berechnen und Entwerfen von Turbinen- und Wasserkraftanlagen

Mit einer Anleitung zur Anwendung des Turbinen-Rechenschiebers. Von Ing. **P. Holl.** Neu bearbeitet von Dipl.-Ing. **E. Glunk.** 4. Aufl. 197 S., 41 Abb., 6 Tafeln. Gr.-8⁰. 1927. Brosch. M. 8.80; in Leinen M. 10.50.

Über Wasserkraftmaschinen

Ein Vortrag für Bauingenieure. Von Prof. Dr.-Ing. E. h. **E. Reichel.** 2. Aufl. 70 S., 58 Abb. Gr.-8⁰. 1925. Brosch. M. 2.80.

Über Wasserkraftanlagen

Praktische Anleitung zu ihrer Projektierung, Berechnung und Ausführung. Von Ing. **Ferd. Schlotthauer.** 3. Aufl. 109 S., 14 Abb., 17 Tabellen. 8⁰. 1923. Brosch. M. 2.50.

Landes-Elektrizitätswerke

Von Dipl.-Ing. **A. Schönberg** und Dipl.-Ing. **E. Glunk.** 409 S., 148 Abb., 4 Tafeln, 56 Listen. Lex.-8⁰. 1926. Brosch. M. 23.—; in Leinen M. 25.—.

R. Oldenbourg Verlag / München 32 und Berlin W 10